R 2369.
10.

à conserver

12800

# RECHERCHES

## SUR LES CAUSES

### DES

### PRINCIPAUX FAITS PHYSIQUES.

### TOME SECOND.

# RECHERCHES

## SUR LES CAUSES

### DES

## PRINCIPAUX FAITS PHYSIQUES,

Et particulièrement sur celles de la Combustion, de l'Elé-
vation de l'eau dans l'état de vapeurs ; de la Chaleur produite par le frottement des corps solides entre eux ; de
la Chaleur qui se rend sensible dans les décompositions
subites, dans les effervescences et dans le corps de beaucoup d'animaux pendant la durée de leur vie ; de la Causticité, de la Saveur et de l'Odeur de certains composés ;
de la Couleur des corps ; de l'Origine des composés et de
tous les minéraux ; enfin de l'Entretien de la vie des êtres
organiques, de leur accroissement, de leur état de vigueur, de leur dépérissement et de leur mort.

*Avec une Planche.*

### PAR J. B. LAMARCK,

*Professeur de Zoologie au Museum National d'Histoire
Naturelle.*

### TOME SECOND.

## A PARIS,

Chez MARADAN, Libraire, rue du Cimetière-
André-des-Arts, n°. 9.

SECONDE ANNÉE DE LA RÉPUBLIQUE

# RECHERCHES

## SUR LES CAUSES

### DES

## PRINCIPAUX FAITS PHYSIQUES.

## SECONDE PARTIE.

*RECHERCHES sur ce qu'on nomme* affinité
chymique.

## DISCOURS PRÉLIMINAIRE.

S'IL faut une étendue de génie aussi
vaste qu'inconcevable, pour s'élever à la
considération des faits principaux que nous
offre l'univers; pour prescrire, par exemple, les grandeurs, les densités, les distances et les mouvemens des astres qui en
paroissent les grandes et principales parties; enfin, pour embrasser d'un seul trait
d'imagination le vaste ensemble de tout

*Tome II.*                                A

ce qui existe; j'ai cru m'appercevoir qu'il n'étoit pas moins difficile à l'homme de rapporter à leurs véritables causes, tous les faits particuliers dont il est à chaque instant témoin, lors même qu'il observe ce qui l'environne le plus immédiatement. Ses connoissances sur les qualités de la matière, sur la nature des élémens, sur leurs facultés réelles, sur leurs relations mutuelles, sur les modifications que plusieurs d'entre eux sont susceptibles de subir, et sur le véritable état des composés qu'il observe dans la nature, sont encore, ce me semble, la plupart bien incertaines. Ce sont cependant de toutes les connoissances que l'homme cherche à se procurer, celles qu'il lui importe le plus d'acquérir, à cause de la liaison nécessaire de son être physique, avec tous les êtres qui sont autour de lui, ou dont il peut avoir besoin. Mais il semble que les découvertes qui devoient être les moins à la portée de l'esprit humain, sont précisément celles dans lesquelles il se distingue davantage; puisqu'il a fait dans tout ce qui concerne la physique céleste, des progrès inconcevables, tandis qu'il n'a encore sur la nature et les propriétés du feu, de l'air, &c. &c. que des idées confuses, mal liées entre elles, et la plupart incompatibles avec les faits qu'il cherche à expliquer. Autant l'homme s'est surpassé lui-même dans les connoissances sublimes auxquelles il a su atteindre, dans ses recherches sur les grands faits que je viens de citer; autant il me paroît inférieur à lui-même dans les hypothèses accumulées et la plupart obscures ou disparates, qu'il s'est formé pour rendre raison de tous les phé. mènes particuliers que les corps qui l'en nonnent lui mettent continuellement sous les yeux.

Je suis bien éloigné de vouloir inspirer la moindre idée défavorable envers tant d'hommes célèbres qui se sont efforcés de reculer la limite de nos connoissances sur les objets importans dont je viens de faire mention. Je respecte infiniment tous les savans qui se sont occupés de ces objets, et je ne cesserai jamais de rendre à leur mérite particulier toute la justice qui leur appartient réellement : mais, comme je crois qu'ils sont encore fort éloignés du but qu'ils se sont proposé dans leurs recherches , et qu'il me semble entrevoir les principales causes qui les empêchent d'y parvenir; pour réussir à les faire bien connoître, qu'il me

A 2

soit permis de jètter ici un coup-d'œil
philosophique sur l'état actuel de la science
qu'ils ont cultivée, et sur la nature des
principes et des vues qu'ils nous ont trans-
mis.

*Exposition de quelques considérations im-*
*portantes qu'il est essentiel d'examiner,*
*avant de déterminer les causes des faits*
*physiques et chymiques parvenus à notre*
*connoissance.*

391. C'est peut-être mal-à-propos qu'on
distingue la chymie de la physique, et que
l'on considère les belles connoissances qui
ont rapport à l'une et à l'autre, comme faisant partie de deux sciences vraiment séparées entre elles ; car toutes deux ont nécessairement un grand nombre d'objets
communs. En effet, la connoissance des
qualités essentielles de la matière, des facultés particulières des élémens, de leurs
relations immédiates, &c. &c. ne doit pas
être moins recherchée par le physicien que
par le chymiste. Dans ce cas, celui-ci n'a
donc de bien particulier qui le distingue
du physicien, que l'art auquel il s'applique
spécialement ; je veux dire l'art d'altérer

la nature des composés qui existent, et d'obtenir par les destructions qu'il opère, des combinaisons particulières, dont tantôt il trouve des modèles dans la nature même qui détruit aussi sans cesse, quoique par d'autres moyens, et tantôt des combinaisons qui n'eussent jamais existé sans son art.

392. Toutes les règles que les chymistes ont établies sur la manière de faire leurs opérations, les instrumens qu'ils ont inventés à ce sujet, et les moyens qu'ils prescrivent pour réussir, forment une suite précieuse de connoissances et de principes, d'autant plus utiles, qu'un grand nombre de ces opérations et de leurs produits servent à l'homme dans ses besoins de tout genre : mais les conséquences qu'ils ont tirées des résultats de leurs opérations, ne me paroissent pas toutes aussi favorables à l'avancement de la science importante qui en est l'objet, c'est-à-dire, à jetter un vrai jour sur la partie philosophique de cette belle science.

393. En effet, les chymistes altérant tous les composés sur lesquels ils opèrent, prétendent que toutes les combinaisons particulières qu'ils obtiennent à mesure qu'ils

A 3

changent ou le nombre, ou les proportions des principes de ces composés, existoient entièrement formées dans les substances qu'ils ont détruites. Personne ne les a contredit à cet égard, et il en est résulté que cette opinion qu'on a négligé d'examiner, a été regardée comme un principe généralement convenu.

De-là naquit cette liste d'acides divers, dont le nombre augmentant chaque jour, à mesure que les chymistes varient et étendent leurs opérations, n'est point prêt d'être fixé, et ne le pourra jamais être; de-là en un mot, l'origine prétendue des gaz, des alkalis, des sels, des chaux, des cendres, des suies, des charbons, et d'une infinité de combinaisons différentes, qui, quoiqu'étant les vrais résultats des destructions que la nature opère, lorsqu'elle en fournit des exemples, et des décompositions que l'art sait produire lorsqu'il les obtient, sont cependant, selon la plupart des chymistes, autant de substances constantes dans la nature, et répandues dans les divers corps dont on les retire.

394. Les savans dont je parle se fondent dans leur sentiment, sur ce que toutes les fois qu'ils font la même opération sur la

même substance, ils obtiennent toujours un même résultat : mais cela pouvoit-il être autrement, et ont-ils pu douter que les mêmes causes puissent toujours produire des effets semblables? Lorsqu'ils changent les proportions des principes qui constituent le soufre, en dissipant, par le moyen de la combustion, certaines quantités de ces mêmes principes; la combinaison qu'ils parviennent à obtenir après ce changement, est une matière qu'ils nomment *acide vitriolique*, et qu'ils auront toujours constamment par la même voie. Mais si, au lieu d'opérer ainsi la destruction du soufre, ils appliquent le même moyen de décomposition au phosphore qui, quoique étant une substance analogue au soufre, a ses élémens constitutifs dans d'autres proportions, le résultat qu'ils réussiront à obtenir de cette décomposition, ne sera plus le même que dans le cas précédent, et la matière qui leur restera, sera un acide distingué en quelque chose du vitriolique, parce que ses principes ne seront pas dans les mêmes proportions. Ils auront donc la substance qu'ils nomment *acide phosphorique*.

Mais, dira-t-on, le même acide vitrioli-

que qu'on a obtenu de la décomposition
du soufre, s'obtient encore de la destruction d'autres substances très - différentes ;
donc c'est un être existant dans la nature, et qui est répandu plus ou moins
abondamment dans divers corps. A cela,
je réponds que cette conséquence n'est
point du tout nécessaire, comme elle le
paroît d'abord ; et j'en offre des preuves
dans les considérations suivantes, auxquelles on ne peut se dispenser d'avoir
égard.

395. Les substances minérales n'étant
point réellement des individus, comme le
sont tous les êtres organiques, chacune
d'elles n'est constituée essentiellement que
par la réunion de tel nombre de principes
combinés dans de telles proportions : or,
il en résulte évidemment que toutes les
fois qu'en altérant la nature d'une substance quelconque, on parviendra à avoir
une combinaison dont les principes seront
dans des proportions telles à pouvoir constituer l'acide vitriolique, on obtiendra constamment cet acide, quelle que soit la nature du composé qu'on aura détruit.

396. Enfin, comme l'homme ne peut pas
changer à volonté les proportions dès élé-

mens constitutifs d'un composé, dans tous les degrés qu'il jugeroit à propos , ses moyens de décomposition étant bornés à l'emploi de certains agens dont il ne maîtrise point l'action ; il n'obtient toujours , par la décomposition de telle substance , que certains résultats, qui lui présentent les mêmes sortes de combinaisons. Au lieu que si l'homme avoit des moyens plus étendus et dont il fût entièrement maître , il est clair qu'en produisant sur un composé dans lequel les quatre élémens (je suppose toujours qu'il n'y en a que quatre) abonderoient jusqu'à un certain point, tous les degrés d'altération possibles, par les plus petits changemens dans les proportions et dans le nombre des principes , et sur-tout s'il pouvoit opérer de manière à épuiser tous les cas ; il obtiendroit successivement avec ce seul composé, toutes les combinaisons dont la nature dans les minéraux, et la chymie dans les produits de ses opérations, peuvent fournir des exemples.

397. Il n'y a aucune limite essentielle entre chaque sorte d'être inorganique qui existe ou qui peut exister ; car le nombre et les proportions des principes composans de chaque matière minérale , constituant

essentiellement sa nature, deux substances qui diffèrent entre elles le moins possible dans ces deux conditions, sont nécessairement d'une nature d'autant plus analogue; et toutes les différences que l'art ou la nature parviennent à produire en altérant les composés, en dégageant et séparant certaines quantités de leurs élémens constitutifs, et par conséquent en changeant les proportions de ceux qui restent ensuite combinés, donnent lieu à autant de nouveaux composés, qui n'existoient nullement dans les substances qu'on a détruites.

398. Quand on voudra faire attention à la différence considérable qui se trouve entre la *combinaison* qui constitue les substances, et l'*aggrégation* qui donne lieu aux masses sensibles des corps; on sentira que la combinaison d'une substance n'est autre chose que la réunion d'un certain nombre de principes dans de certaines proportions, formant une petite masse de matières dont le volume est inappréciable à l'homme, à cause de sa ténuité, mais qui, pour chaque substance, est toujours la même, toujours de même forme, &c. Or, cette petite masse qu'on doit nommer *molécule aggrégative*, ou *molécule essentielle*, est essen-

tiellement un composé simple, formé de
l'union immédiate d'élémens combinés ensemble dans cette petite masse. Cela est
si vrai, qu'un morceau de soufre du poids
d'une livre, n'est pas plus *soufre*, qu'un
morceau de la même substance qui ne pe-
seroit qu'un grain ; et certainement le soû-
fre est constitué par la nature de la molécule aggrégative qui est *soufre*, soit qu'on
la considère seule, soit qu'on en examine
un grand nombre rassemblées en une masse
commune. Ce que je viens de dire de la
molécule aggrégative du soufre, est également vrai pour la molécule aggrégative
de toute autre combinaison ; et je ne sau-
rois trop le répéter, la nature de toutes les
matières qui existent, ne réside nullement
dans les masses sensibles que nous obser-
vons, mais est décidément constituée par
la nature même de la molécule aggrégative,
pour chaque sorte de substance composée,
et par la nature de la molécule intégrante
pour chaque sorte de matière simple.

399. Mais l'aggrégation qui constitue les
masses de matières dont la nature est remplie, est une chose bien différente de la
combinaison. Elle n'est, comme nous le
ferons voir dans nos recherches sur l'affi-

nité chymique , qu'un véritable effet de
l'attraction; et sa possibilité, ainsi que ses
divers degrés d'intimité, ne sont dus qu'à
la forme essentielle de chaque sorte de
molécule, soit aggrégative, soit intégrante;
forme qui, pour chaque matière, permet
un nombre plus ou moins considérable de
points de contact, un rapprochement plus
ou moins grand dans les molécules aggrégées, et par conséquent une aggrégation
plus ou moins forte, en laquelle réside le
degré de solidité des masses. Or, l'expérience fait voir que cette aggrégation peut
s'opérer entre des molécules de diverse
nature, comme elle peut avoir lieu entre
des molécules toutes d'une même sorte ;
ce qui occasionne dans la nature , des
masses hétérogènes et des masses homogènes, comme on l'observe en effet.

400. On voit, par le simple exposé de
ces considérations importantes, que la décomposition d'une substance, et l'aggrégation rompue d'une masse de matière quelconque, sont deux effets bien différens,
qu'on ne doit jamais confondre ni perdre
de vue dans aucun cas; et que souvent en
opérant chymiquement sur certaines matières hétérogènes, il doit arriver que la

combinaison de telle sorte de molécule est déjà altérée, tandis que telle autre sorte de molécule n'a encore perdu que son aggrégation ; au lieu que les opérations qu'on fait sur des substances composées homogènes, comme sur le soufre, le phosphore, le sucre, les huiles , &c. se réduisent à deux effets bien distincts ; savoir, ou à détruire l'aggrégation de leurs molécules , ou à altérer leur nature et les décomposer véritablement. Mais dans aucun cas, en détruisant les molécules essentielles de ces matières homogènes, on n'en retire jamais aucun composé préexistant entre elles ; et les nouveaux composés qu'on obtient alors sont nécessairement les suites des altérations qu'on a causées sur les premières combinaisons : or, ces nouveaux composés n'ont lieu que parce qu'en détruisant une substance , on ne dégage jamais entièrement à la fois tous ses élémens constitutifs.

J'aurois pu m'étendre beaucoup davantage sur ces matières , et je n'aurois pas été embarrassé, si j'avois voulu faire un ouvrage très-volumineux et même rempli de détails très-importans ; mais ce n'a point été du tout mon objet. Je crois seulement en avoir dit assez pour que ceux qui cher-

chent la vérité de bonne-foi, puissent suffisamment m'entendre ; et dans ce cas,
j'aurai rempli la tâche qui m'a été impo-
sée par les circonstances, si j'ai pu suggérer quelques idées avantageuses aux progrès des sciences physiques, et sur-tout
si j'ai contribué à modérer la précipitation
avec laquelle on s'efforce tous les jours,
pour soutenir les hypothèses qu'on a établies, de former des *suppositions* (1) qu'on

---

(1) 1°. Les chymistes pneumatiques [ confondant les
effets de l'*aggrégation* avec ceux de la *combinaison*],
disent qu'un composé peut être formé de l'union de
plusieurs autres composés toujours existans.

2°. Les mêmes chymistes pensent que toutes les
combinaisons particulières qu'ils obtiennent, en altérant des composés sur lesquels ils opèrent, existoient
toutes formées dans les composés d'où elles proviennent.

3°. Ces mêmes chymistes supposent que la matière
a une tendance à la combinaison, tendance qu'ils disent se manifester principalement dans les substances
salines. Et quoiqu'ils n'aient jamais obtenu de combinaisons particulières qu'en détruisant ou altérant des
composés préexistans, et qu'en effet ils n'aient jamais
pu combiner directement plusieurs matières simples
ensemble, ils disent cependant qu'ils peuvent former
des combinaisons.

On verra par ce qui va suivre, combien ces supposi-

ne daigne jamais examiner, et sur le fondement desquelles cependant on se repose
comme s'il étoit de toute évidence.

# ARTICLE PREMIER.

*DE la tendance de tous les composés de la
nature à la décomposition, tendance prise
pour une indication de leur affinité, lorsqu'elle est effective.*

401. ON doit entendre par *affinité*, dit
M. Macquer, la tendance qu'ont les parties
soit constituantes, soit intégrantes des corps,
les unes vers les autres, et la force qui
les fait adhérer ensemble lorsqu'elles sont
unies.

402. Quoique cette définition présente
une idée claire et très-intelligible, je ne la
crois pas exacte ni conforme à la vérité,
relativement à l'étendue de l'application

---

tions sont peu fondées ; et cependant, comme ce sont
les bases qui soutiennent tout l'édifice de la théorie
nouvelle, on sentira, dans la recherche de la vérité,
combien il est important de ne point admettre les
points fondamentaux d'une théorie quelconque, sans
l'examen rigoureux et suffisamment prolongé, qui peut
seul nous éclairer sur leur fondement.

qu'on a coutume d'en faire ; enfin elle ne me paroît point admissible, à moins qu'on ne distingue parmi tous les phénomènes, qu'on rapporte à l'affinité, tout ce qui appartient à la loi générale de l'attraction, d'avec tout ce qui est produit par l'imperfection des composés.

403. Dans le premier cas, qui est le seul auquel la définition de M. Macquer me paroisse pouvoir convenir, on comprendra tout ce qui concerne l'aggrégation des corps; mais comme ce qu'on appelle *affinité de composition*, ne peut s'appliquer qu'à tout ce qui a rapport au second cas, je pense que c'est ici fort improprement, qu'on emploie le mot *affinité*, parce que l'idée qu'on y attache est dans ce cas une erreur manifeste, comme je me propose de le faire voir dans cet article.

404. L'affinité chymique est la tendance *apparente* qu'ont certaines substances à s'unir ou à se combiner les unes avec les autres ; phénomène d'autant plus remarquable, qu'il est particulier à ces substances, et qu'il n'a point lieu pour toutes les matières connues. C'est ainsi, par exemple, qu'on dit communément que les acides et l'eau ont ensemble une affinité très-sensible,

sensible, parce que ces substances paroissent se combiner avec une sorte d'avidité
et une promptitude qui étonne; tandis que
l'huile et l'eau présentent dans leur mélange des phénomènes tout-à-fait contraires, et qui font dire que ces matières n'ont
aucune affinité entre elles.

405. Il est clair, d'après ce seul exemple,
que la tendance qu'ont les parties des corps
à s'approcher les unes des autres, ne suffit
point pour nous donner une juste idée de
l'affinité chymique en général, puisqu'elle
ne nous fait point appercevoir la cause du
phénomène dont je viens de faire mention,
et qui semble même la contredire. C'est
aussi ce qui a forcé l'illustre auteur que je
viens de citer, d'avoir recours à l'ingénieuse
hypothèse d'une tendance à la composition,
qu'il distingue en *satisfaite* et *non-satis-
faite*, hypothèse qui conviendroit assez bien
à la plupart des cas, et qui mériteroit de
fixer l'opinion des savans, si la nature ne
déposoit par-tout et évidemment contre
elle.

Afin de répandre quelque jour sur le sujet que je me propose de traiter, je vais
d'abord distinguer parmi les phénomènes
chymiques qu'on rapporte à l'affinité, tout

*Tome II.* B

ce qui est causé par l'attraction, d'avec ce qui est le produit de l'imperfection des composés qui se détruisent ; et je ferai voir que ces deux causes sont non-seulement très-différentes, mais même sont tout-à-fait indépendantes l'une de l'autre. De sorte que c'est très-mal-à-propos qu'on range sous un même point de vue et qu'on désigne par un nom commun, des phénomènes qui n'ont aucun rapport entre eux.

Après avoir exposé la cause de l'aggrégation des corps, et par conséquent l'affinité qui provient de l'attraction, j'essaierai de prouver, 1°. que la matière n'a aucune tendance à la composition ; 2°. que tous les composés de la nature tendent sans cesse à se détruire ; 3°. enfin que les composés qui existent, n'ont tous, sans exception, aucune tendance à se combiner les uns avec les autres ; ce qui me conduira à développer la cause de la dissolution, et à faire voir que ce qu'on nomme *affinité de composition*, est une erreur manifeste. [ *Voyez* l'article second. ]

*L'attraction est la cause première de l'ag-*
*grégation des corps , soit simples , soit*
*composés ; et la figure des molécules ag-*
*grégatives de ces corps et de toutes les*
*substances possibles , est la cause directe*
*des différences qu'on observe dans leur*
*aggrégation.*

406. L'attraction [10] est un fait si bien
constaté et si généralement confirmé , qu'il
faudroit une obstination marquée pour se
refuser à son évidence. Elle consiste, comme
l'on sait , dans une tendance continuelle
de toutes les particules de matières qui
existent , à s'approcher les unes des autres ;
de sorte que ces particules de matière et
tous les corps qu'elles forment, s'attirent
réciproquement et tendent à se réunir, en
raison directe de leur masse , et en raison
inverse du quarré de leur distance.

407. Cela posé, il me semble hors de
doute que c'est cette tendance à la réunion qui est la cause première de l'aggrégation des corps ; car , au rapprochement
nécessaire des molécules aggrégatives d'une
substance , que l'effectuation de cette tendance ou une autre cause , a pu resserrer

B 2

en une masse commune, il faut encore
une force toujours agissante pour conserver ces molécules dans leur état de rapprochement, et constituer leur aggrégation. Or, l'attraction suffit évidemment pour
produire cet effet.

408. Ensuite il est facile de concevoir
que ce doit être à la figure des molécules
aggrégatives des corps, qu'il faut attribuer
la cause prochaine ou efficiente de leur
aggrégation. En effet, il est certain que la
différence de figure dans les molécules
aggrégatives de diverses substances, influe
directement sur le degré de rapprochement
dont ces molécules sont susceptibles, car
une différence dans la figure des molécules
aggrégatives ou intégrantes d'un corps comparé à un autre, en produit nécessairement une dans la quantité de points de
contact que peuvent avoir ces molécules
dans leur aggrégation (1). Or, il est clair

---

(1) De même que la figure sphérique des molécules d'une substance, est celle qui permet à ces molécules la moindre quantité possible de points de contact
dans leur plus grand rapprochement entre elles, et par
conséquent doit nuire à leur aggrégation ; de même,
par une suite nécessaire, la figure applatie ou lamelleuse

que plus le nombre des points de contact
qui unissent les molécules aggrégatives d'un
corps est considérable, plus l'aggrégation (1)

---

des molécules d'une matière quelconque, est celle qui
permet à ces molécules le plus grand nombre de points
de contact dans leur rapprochement, et conséquemment est celle qui favorise le plus leur aggrégation.

Or, parmi les molécules qui sont dans ce dernier
cas, celles qui sont triangulaires, sont évidemment les
plus propres à l'aggrégation qui donne lieu aux masses
solides; car de toutes les figures possibles, celle qui
est constituée par une forme applatie et triangulaire,
est la plus complètement opposée à la figure sphérique,
de laquelle résulte la fluidité essentielle.

Aussi la considération de la dureté et de la forme
toujours hexagone des cristaux de roche, ne laisse
nuls doutes sur la figure des molécules intégrantes de
cette matière; molécules qui ne peuvent être que triangulaires et très-applaties, par les raisons qui viennent
d'être exposées. Deux triangles joints ensemble par
un de leurs bords, forment un rhombe; et les combinaisons possibles des rhombes unis ou aggrégés ensemble, suffisent pour donner lieu aux figures de tous les
cristaux, soit calcaires, soit spathiques connus : cela ne
peut être contesté.

(1) Je définis l'aggrégation, une cohérence réelle,
quoique plus ou moins grande, existante entre les molécules aggrégatives ou intégrantes d'une substance,
quelle qu'elle soit : de sorte que, depuis le corps le plus
solide où cette cohérence est à son plus haut terme,

de ce même corps est parfaite; car ces molécules sont alors dans le plus grand état de rapprochement possible, et soumises par conséquent à leur plus grand degré d'attraction. Par la même raison on conçoit que le contraire a lieu dans les cas opposés.

409. On sent d'après cela, que si l'aggrégation n'est pas la même dans tous les corps qu'on connoît, ce n'est pas que la tendance dont il s'agit, soit réellement dif-

---

jusqu'au corps le plus mol, c'est-à-dire, jusqu'à celui qui, sans être complètement fluide, approche le plus de la fluidité, et où cette cohérence est à son moindre degré possible, l'aggrégation est toujours manifeste.

J'appelle *fluidité*, l'état d'une substance dont les molécules tout-à-fait libres, peuvent être contiguës les unes aux autres, mais n'ont aucune cohérence entre elles. La figure exactement sphérique des molécules d'une substance, me paroît, comme je l'ai déjà dit, celle qui permet le moins de points de contact dans la contiguité des molécules, et qui par conséquent produit la fluidité par essence. Car je distingue cette fluidité, de celle que je nomme *accidentelle*, et qui n'est point causée par la figure des molécules des substances qui l'éprouvent, comme les matières en fusion, mais par l'écartement de ces molécules, opéré par l'interposition d'une matière expansive et fluide essentiellement, qui suspend leur aggrégation.

férente dans les divers corps de la nature :
la loi de l'attraction est uniforme et générale, et ne souffre nulle part aucune exception manifeste. Mais les diverses figures
des molécules aggrégatives des corps, ne
permettant point dans les différens corps,
comme je viens de le dire, un égal nombre de points de contact entre ces molécules, et par conséquent un égal degré de
rapprochement et d'attraction entre elles,
l'aggrégation de ces divers corps ne peut
pas être la même, quoique l'attraction qui
la cause par-tout, agisse toujours de la même
manière.

410. Maintenant, si l'on juge à propos
d'appeller *affinité* la faculté qu'ont les molécules d'une même substance, ou celles
de deux substances différentes, de pouvoir s'unir et former ensemble une masse
commune par l'effet de leur aggrégation,
de sorte que dans le premier cas, il en
résulte un corps homogène, tel que le quartz
transparent, formé par des molécules vitreuses réunies, et dans le second cas un
corps hétérogène, comme celui qui est
formé par l'alliage de l'or avec l'argent,
du cuivre avec l'étain, &c. et qu'ensuite
on dise que deux substances qui, comme le

fer et le plomb , ne peuvent s'allier ensemble , n'ont point d'affinité entre elles; je ne vois point d'inconvénient à adopter cette expression , pourvu qu'on l'entende dans sa véritable signification , et qu'on ait auparavant fixé de justes bornes à l'application qu'on en peut faire.

411. Ainsi l'affinité sera constituée par la possibilité d'aggrégation entre les molécules , soit d'une même substance simple ou composée , ce qui formera un corps homogène , soit de deux ou plusieurs substances différentes , ce qui donnera lieu à un corps dont les molécules aggrégatives seront de nature différente. Dans tout cela , ce sera toujours à l'attraction et en même tems à la figure des molécules aggrégatives des substances qu'on observera , qu'il faudra rapporter la cause de toutes les nuances d'*affinité* ou d'aggrégation possibles.

412. Mais une tendance à la réunion, d'où naît l'aggrégation des molécules d'une substance , lorsque leur figure le permet , et une tendance à *la composition* , me paroissent deux choses bien différentes. La première est un phénomène général , constaté par les faits , et qui a lieu également pour toutes les sortes de matières qui exis-

tent; au lieu que la seconde est une opinion destituée de tout fondement, opinion que l'on n'a proposée que parce qu'on a méconnu la véritable cause de la dissolution, qu'on a mal-à-propos regardée comme un acte direct de composition entre les substances qui la produisent. Les trois articles suivans suffiront, je pense, pour développer tout le fondement de cette assertion.

## La matière n'a aucune tendance à la composition.

413. Il est bien vrai, comme nous venons de le voir, que les différentes sortes de matières qui existent, tendent toutes à s'approcher les unes des autres, puisqu'elles sont toutes soumises à la loi universelle de l'attraction; mais en s'approchant par cette cause, elles ne peuvent que se disposer toutes dans un ordre relatif à leurs propres qualités; de sorte que les plus pesantes, c'est-à-dire, celles dont les molécules intégrantes ont plus de masse, s'approcheront entre elles, et occuperont un espace dont toutes les autres matières seront exclues, &c. Or, il est facile de sen-

tir que les qualités propres et distinctives des diverses sortes de matières qu'il y a dans la nature, sont autant d'obstacles directs à la formation d'un composé, puisque pour la formation d'une pareille substance, il faut que sa cause productrice soit capable de vaincre les obstacles qu'opposent à la composition les qualités propres de chacun des élémens du composé dont il s'agit.

414. Aussi avons-nous droit de conclure que si toute la matière qu'il y a dans l'univers existoit étant munie des qualités qui sont dans son essence, et des qualités particulières qui distinguent ses diverses sortes, et que les êtres organiques et l'activité répandue dans la nature (1) n'eussent point

---

(1) Pour expliquer physiquement l'origine et le mécanisme de l'univers, je trouve trois connoissances principales, que l'homme raisonnant philosophiquement, ne me paroît jamais pouvoir acquérir. La première est la cause productrice de la matière munie de toutes les qualités et facultés qui tiennent à son essence. La seconde est celle de l'existence des êtres organiques et de ce qui constitue la vie et l'essence de ces êtres ; car la matière avec toutes ses qualités, ne me paroît nullement capable de produire un seul être de cette nature. Enfin la troisième est celle de l'*activité* qui se trouve répandue dans tout l'univers.

eu d'existence, la matière avec toutes ses
facultés, en y comprenant même l'attraction à laquelle elle est assujettie, n'eût jamais pu produire un seul composé.

415. Ce que je viens d'établir n'est point
une simple hypothèse, comme on sera sans
doute porté d'abord à le croire, parce que
ces points de vue sont peu familiers et n'ont
point encore vraisemblablement été examinés : mais c'est, j'ose le dire, un prin-

---

En effet, la matière existant avec toutes ses propriétés essentielles, et les êtres organiques étant en même
tems supposés, l'activité dont il est question, n'en résulteroit point encore physiquement. Quelle est donc
cette activité, et d'où tire-t-on l'idée de son existence ?

Le mouvement des corps célestes, par exemple, ne
pourroit point être uniquement produit par l'attraction ; il faut encore supposer une impulsion particulière, ou un mouvement de projection communiqué à
ces corps ; mouvement que la matière avec toutes ses
facultés, n'a pu sans doute leur donner, que les êtres
organiques qui en reçoivent la faculté de subsister et
de se perpétuer, n'ont eux-mêmes pu produire mouvement, en un mot, qui est peut-être la cause première
de l'activité dont nous faisons mention, comme l'émis-
sion de lumière des astres lumineux, paroît en être la
cause prochaine.

cipe d'autant plus fondé, qu'il est susceptible de preuves rigoureuses.

416. En effet, pour que les diverses
sortes de matières qui existent, puissent être
combinées ensemble et former un véritable
composé, il faut auparavant que ces matières ou la plupart d'entre elles aient été
modifiées par une cause quelconque; car,
que l'on y fasse attention, il n'existe pas
un seul composé connu, dans lequel les élémens qui le constituent, soient tous dans
leur état naturel. Ces élémens, ou au moins
plusieurs d'entre eux, y sont dans un état
de modification bien décidé. Ce n'est point
mon imagination qui me sert et qui me fait
voir tout ce que j'avance. J'en appelle, à
cet égard, à l'expérience et à l'observation de tous les savans. Le feu fixé dans
les corps y est dans un état de condensation qu'on ne sauroit nier; les phénomènes qui ont lieu dans son dégagement, en
sont une preuve incontestable; et l'air, principe constituant d'un composé quelconque,
y est aussi dans un si grand état de resserrement, que lorsqu'il s'en dégage et
devient libre, il occupe un espace de plusieurs centaines de fois plus considérable.

Enfin le principe terreux lui-même paroît modifié lorsqu'il est dans un état de combinaison.

417. Maintenant, si aucun composé quelconque n'a tous ses élémens constitutifs dans leur état naturel, comme il est aisé de s'en convaincre, j'ose avancer que la matière, par ses propres qualités ni par les facultés qui appartiennent à son essence, ne peut elle-même se modifier. Cela me paroît de toute évidence; car elle ne peut tendre à s'éloigner de son état naturel, et elle ne peut s'en écarter que lorsqu'elle éprouve l'action d'une cause étrangère, c'est-à-dire, hors d'elle, qui l'y contraint. Je suis donc en droit de conclure qu'il faut nécessairement une cause tout-à-fait particulière pour altérer l'état naturel de certaines sortes de matières, et les mettre dans la circonstance favorable à leur combinaison avec les autres sortes. Or, il est clair que, sans cette cause, jamais il n'y auroit eu de composé, et que c'est sans aucun fondement sensible, qu'on a prétendu que la matière avoit une tendance à la composition.

418. La cause directe qui modifie la matière et met les substances simples dans

le cas de pouvoir former des combinaisons
entre elles, est, comme je l'ai fait voir,
l'action solaire d'une part, et celle des
êtres organiques de l'autre, c'est-à-dire,
le résultat de leur action vitale. Or, s'il
étoit possible de supprimer de l'univers,
l'existence de ces deux causes, qui, relativement à leur effet commun, n'en font
qu'une seule, on verroit alors immanquablement toute la nature livrée à la destruction, et d'elle-même tendre à sa ruine,
en anéantissant avec le tems, par les propres facultés de la matière qui la constitue, tous les composés qu'aucune cause ne
pourroit rétablir.

419. Qu'arrive-t-il à tous les êtres organiques dès l'instant qu'ils sont privés du
principe vital qui les faisoit subsister ? La
cause active qui a la faculté de modifier
la matière et de combiner immédiatement
les élémens, n'existant plus en eux, le
corps de ces êtres subit alors une destruction inévitable ; destruction plus ou
moins prompte, selon les circonstances qui
l'accompagnent, mais qui s'opère réellement jusqu'à l'entière séparation des principes qui composoient sa substance. Or,
dans ce cas la matière agit par ses propres

facultés, et la destruction du composé que l'action organique ne défend plus ou n'entretient plus, devient alors l'ouvrage même de la matière. Tous les élémens de ce composé tendent sans cesse alors à se dégager, afin de perdre leur état forcé de modification; et quoique dans les transmutations nombreuses auxquelles ces élémens sont souvent assujettis avant de pouvoir être tout-à-fait libres, ils forment des composés qui ne sont jamais produits par des êtres organiques; ces composés sont toujours de plus simples en plus simples, à mesure qu'ils se succèdent par les altérations qu'ils éprouvent, et se terminent à la fin par une destruction complète.

420. Qu'on y prenne garde : les composés qui ne sont pas produits directement par l'action organique, ne sont jamais formés par la combinaison d'élémens immédiate; mais ils sont toujours le résultat de composés plus compliqués, qui, à mesure qu'ils se détruisent, les forment selon le cours fortuit des circonstances. D'ailleurs, quoique les composés dont il s'agit n'aient point été produits par les êtres organiques, ces êtres, malgré cela, y ont nécessairement donné lieu, et on peut as-

surer que ces composés n'eussent jamais
existé sans eux. C'est ainsi, par exemple,
que les êtres organiques ne produisent
point immédiatement du soufre, mais il
n'y a point de doute que sans eux cette
matière n'eût jamais existé; et ensuite la
tendance de la matière à la décomposition,
concurremment avec les circonstances qui
peuvent y être favorables, opèrent avec le
tems les transmutations de ce soufre en
pyrites, et des pyrites en métaux, qui
sont les composés les moins compliqués qu'on
connoisse.

421. Enfin, la fermentation seule est une
preuve sans replique, que la matière n'a
point par elle-même de tendance à la composition; car elle ne pourroit pas avoir
lieu, si les qualités propres de la matière
ne lui donnoient une tendance évidemment
opposée. Toute substance qui fermente est
détruite, comme l'on sait, par l'effet immédiat de la fermentation [295]; et les composés particuliers qui se forment alors, se
décomposent à leur tour, avec le tems et
par la même cause, quoique plus ou moins
promptement, selon leur nature.

*Tous*

*Tous les composés de la nature tendent à se détruire; et leur tendance est en raison inverse de l'intimité d'union de leurs principes constituans.*

422. Non-seulement il n'est pas vrai que la matière ait aucune tendance évidente ni même possible à la composition, ce que je crois avoir prouvé précédemment; mais je me propose au contraire de faire voir ici, que tous les composés de la nature, quels qu'ils soient, tendent continuellement à se détruire; et que cette tendance est toujours en raison inverse de l'intimité d'union de leurs principes constituans.

423. De même que les qualités propres des différentes sortes de matières simples, sont de vrais obstacles à la combinaison de ces matières entre elles, puisque pour opérer des combinaisons et former des composés, il faut une cause particulière capable de vaincre ces obstacles; de même aussi les qualités propres des élémens constitutifs des composés, sont des obstacles réels à la durée ou à la conservation de ces substances. Cela est d'autant plus aisé à concevoir, qu'on sait que nécessairement

*Tome II.*                                    C

plusieurs des principes constituans des composés sont alors dans un état de modification considérable, c'est-à-dire, sont dans
un état d'altération qui les éloigne beaucoup de leur état naturel. Or, ces élémens
ainsi modifiés dans les composés qu'ils constituent, doivent tendre sans cesse à perdre l'état de modification qui est contre
leur nature, et qui les prive de leurs facultés essentielles ; ils doivent donc tendre
aussi en même tems à détruire les composés dont ils font partie, puisque ces composés ne peuvent pas subsister sans eux,
et qu'ils n'y peuvent être eux-mêmes comme
principes composans, que lorsqu'ils sont
modifiés. [ *Voyez* 79.]

424. Maintenant, s'il est vrai que les
élémens constitutifs des composés de la nature, tendent tous à se dégager de leur
état de combinaison, et par conséquent à
produire la destruction des composés qu'ils
constituent, on sent positivement que cette
tendance doit être elle-même plus ou moins
modifiée, selon que les degrés d'union des
principes de chacun de ces composés, sont
plus ou moins considérables.

425. En effet, on ne sauroit douter que
les divers composés qui existent, ne diffe-

rent tous les uns des autres par des degrés
réels dans l'intimité d'union de leurs principes constitutifs [217]; ce qui est une suite
nécessaire de leurs différences dans le nombre, ou au moins dans les proportions de
leurs principes. Or, il est évident que les
composés dont les principes constituans se
trouvent très-intimement unis entre eux,
ont alors leur tendance à la décomposition
tellement affoiblie ou contrebalancée par
cette intimité d'union, que ces composés
sont par leur propre nature très-durables,
et qu'il faut en conséquence une cause
très-puissante pour en opérer la destruction. Ce sont eux que je nomme *composés*
*parfaits*; et l'or, la platine, &c. sont un
exemple des substances qui sont dans ce
cas.

426. Ensuite, par la même raison, il est
clair que les composés dont les principes
constituans se trouvent peu intimement unis
entre eux, ont alors leur tendance à la décomposition d'autant plus effective, qu'elle
est moins affoiblie par leur degré d'union;
et que par conséquent ces composés sont
d'autant moins durables dans la nature,
qu'il ne faut que des causes très-médio-
cres pour en opérer la destruction, tant

elle est facile et sans cesse prête à s'effectuer.

427. Ce n'est point là une de ces as-
sertions que l'esprit systématique établit
tous les jours avec une hardiesse qui n'a
d'autre base que l'ignorance même de l'auteur qui l'a créée : c'est un principe si évident, que je ne crains pas qu'on puisse sérieusement le contester. Il est fondé, encore une fois, sur ce que tous les composés n'ont pas leurs élémens constitutifs dans
un degré d'union qui soit le même, et sur
ce que ceux des composés dont l'intimité
d'union des principes est la moins considérable, sont ceux qui ont leur tendance
à la décomposition la plus remarquable et
la plus effective. Tous les phénomènes de
la chymie déposent en ma faveur, et particulièrement ceux qui appartiennent aux
dissolutions. Ainsi, je donne le nom de *composés imparfaits* [*voyez* l'article second] aux
substances qui sont dans ce cas. Elles se font
toutes singulièrement remarquer ou par une
odeur, ou par une saveur, ou enfin par une
causticité manifeste ; qualités qui indiquent
clairement, comme nous le verrons bientôt,
la tendance effective dont je viens de faire
mention.

428. On voit maintenant que, comme parmi tous les composés que la nature peut produire, il s'en trouve dans toutes les nuances possibles, depuis le composé le plus parfait, c'est-à-dire, celui dont les principes constituans sont le plus intimement unis entre eux, jusqu'au composé le plus imparfait, qui est celui qui a ses principes le moins intimement combinés ensemble ; il en résulte que la tendance à la décomposition dont tous les composés de la nature sont réellement munis, se trouve de moins en moins effective, selon que les composés qui sont dans ce cas, sont plus parfaits ; et qu'au contraire cette tendance devient d'autant plus remarquable dans les autres composés, qu'ils sont vraiment plus imparfaits.

429. Je suis donc fondé à prétendre que tous les composés de la nature (les êtres inorganiques et ceux qui sont dépouillés de leur principe vital), tendent à se détruire ; et que leur tendance est en raison inverse de l'intimité d'union de leurs principes constituans.

*La dissolution n'est point un acte direct de composition, mais c'est au contraire l'effectuation de la tendance à la décomposition, entre des substances dont une au moins est un composé imparfait.*

430. De même que les matières simples n'ont en elles-mêmes aucune tendance à la composition, ce que je crois avoir déjà prouvé [413 à 422]; de même aussi, comme nous l'allons voir, les composés qui existent n'ont aucune tendance réelle à se combiner ensemble.

431. En effet, il n'est pas vrai qu'un acide quelconque et quelque concentré qu'il soit, ait une véritable tendance à se combiner avec un alkali, ou avec une substance métallique, ou avec une huile, ou avec une matière calcaire, ou enfin avec l'élément aqueux. C'est cependant par cette prétendue tendance très-mal-à-propos admise, et à laquelle on donne le nom d'*affinité*, qu'on s'efforce depuis long-tems d'expliquer le phénomène le plus remarquable qu'offrent les composés entre eux, mais dont la véritable cause ne me paroît pas même avoir été entrevue jusqu'à ce jour.

432. Le phénomène dont je parle est celui qu'on connoît en chymie sous le nom de *dissolution:* or, j'ose avancer que dans toute dissolution quelconque, il n'est pas vrai que ce soit une substance qui se combine avec une autre, et qu'en un mot, on est vraiment dans l'erreur, lorsqu'on regarde une dissolution comme un acte direct de combinaison. Si l'on peut me faire connoître un seul fait par lequel on constatera que tous les principes constituans d'une substance, ont pu d'eux-mêmes se combiner avec tous les principes composans d'une autre, de manière que des deux composés particuliers préexistans, il en sera résulté un seul composé, formé exactement par tous les principes des deux premiers, sans aucune perte, je conviendrai alors que mon assertion est sans fondement; mais je sais que parmi tous les faits bien connus, il n'en est pas un seul qui dépose contre moi. Qu'est-ce donc qu'une dissolution ?

433. Nous venons de voir dans l'instant que tous les composés de la nature étoient sensiblement distingués les uns des autres par des degrés très-différens dans l'intimité d'union de leurs principes, de sorte qu'il s'en trouve qui ont leurs élémens constitutifs

très-intimement unis entre eux, tandis que d'autres ont leurs principes très-foiblement combinés. Nous les avons distingués, en désignant les premiers sous le nom de *composés parfaits*, et les seconds sous celui de *composés imparfaits*. Enfin, nous avons vu que depuis le composé le plus parfait jusqu'au plus imparfait, la tendance à la décomposition n'étoit pas également effective ; que, par exemple, elle étoit sans effet et amortie dans les composés parfaits, et que dans les autres elle se manifestoit avec la plus grande évidence [425 à 429].

434. Examinons maintenant les composés imparfaits en général, et voyons quelles sont leurs facultés les plus remarquables. Un composé imparfait (tels sont tous les corps odorans, ou savoureux, ou caustiques) me paroît une substance dont les élémens constitutifs sont dans des proportions telles, qu'il n'en résulte qu'une combinaison très-foiblement unie dans ses principes, certains d'entre eux s'y trouvant en une quantité trop grande relativement à celle des autres, pour pouvoir former ensemble une union bien intime. En effet, la foible union des principes d'un semblable composé est prouvée par la facilité avec laquelle il se décom-

pose dans certaines circonstances, et sa tendance à la décomposition, qui est alors très-manifeste, est en outre prouvée par la précipitation avec laquelle elle s'effectue dans ces mêmes circonstances. Or, les circonstances dont je veux parler sont simples et faciles à distinguer. Il suffit qu'un composé, de la nature de celui dont il s'agit, soit en contact avec une substance humide ou avec une matière qui contienne du feu fixé, mais dans un état susceptible d'être altéré facilement; et il faut en outre, qu'au moins un des deux corps en contact, ait ses molécules aggrégatives libres, c'est-à-dire, dans l'état de fluidité ou de vapeurs.

435. Comme dans tous les composés ce sont toujours les principes élastiques [48 et 72] qui sont les plus modifiés, et que dans les composés imparfaits, ces mêmes principes sont ceux qui tendent le plus fortement à se dégager et à devenir libres, il n'est pas étonnant que les matières aqueuses, ou que celles qui contiennent du feu fixé dans un certain état, fournissent, par leur contact avec les composés imparfaits, le moyen direct ou la cause déterminante de la décomposition de ces composés, d'où naît en même tems celle de leur propre décomposition :

car on a vu [34 et 197] que ces matières avoient
la faculté de favoriser l'expansion du feu.

436. Qu'on examine tant qu'on voudra ce
qui se passe dans une dissolution, on verra
toujours que c'est ou une substance qui fournit à l'autre un moyen d'effectuer sa tendance à la décomposition, comme l'argent
et l'acide nitreux ; ou que ce sont deux
substances qui se fournissent toutes deux un
mutuel secours relatif à cette tendance commune, tel qu'un acide et un alkali. Or,
comme pendant les dissolutions, c'est-à-
dire, les décompositions dont il s'agit,
les principes constitutifs des matières qui se
détruisent, se trouvent un instant presque
libres, et cependant encore modifiés ; alors
ceux de ces principes qui n'ont pu se dégager entièrement, c'est-à dire, qui n'ont pas
eu le tems de s'exhaler, de se dissiper ou
de se précipiter, selon leur nature, se saisissent les uns les autres dans leur état de
modification, et forment alors ensemble un
nouveau composé, non constitué réellement
par tous les principes des deux premiers
composés préexistans, mais formé des débris de ces deux substances ou de la portion de leurs principes qui n'a pu se dégager.

437. C'est ce nouveau composé qui reste
après une dissolution, qui a fait prendre le
change aux chymistes, et qui les a portés à
croire que la dissolution étoit directement
un acte de composition, et qu'enfin les composés qui y avoient été employés, tendoient
naturellement à se combiner ensemble. Mais
la vérité est que le phénomène qui constitue
la dissolution, n'est que l'effectuation de la
tendance à la décomposition de deux matières, qui s'opère par l'effet de leur contact mutuel, et pendant laquelle la portion
surabondante de leurs principes les plus
élastiques se dégage et s'exhale, de manière
que le nouveau composé, qui se forme communément à la suite de cette décomposition, n'est réellement pas produit par l'union
des deux composés en entier, mais par
la portion de leurs principes qui n'a pu devenir libre, et qui s'est trouvée dans un état
propre à former une combinaison.

438. Qu'on ne m'objecte pas qu'on peut à
volonté faire reparoître l'un des deux composés qui ont été employés dans la dissolution, et que l'on prouvera qu'il se trouvoit
dans le nouveau composé restant après cette
dissolution, puisqu'on pourra l'en retirer.
Je répondrai que cela ne sera possible que

lorsqu'on sacrifiera une troisième substance qui puisse, par sa décomposition, fournir tous les principes nécessaires à la recomposition de la substance qu'on voudra obtenir, ou que lorsqu'on sacrifiera une partie de la substance même, pour servir, par ses principes, de complément à la formation de l'autre qu'on voudra recueillir : car j'ose assurer que tous les efforts de l'art et tous les moyens que la chymie peut indiquer, ne feront jamais retirer complètement du nouveau composé qui se trouve après une dissolution, les deux substances qui y ont été employées. La raison en est bien simple ; c'est que ces deux substances n'y existoient pas, ni même les principes qui peuvent les reproduire en entier.

439. Le nouveau composé qui se forme à la suite d'une dissolution, n'est point communément un composé parfait ; il se fait encore remarquer par une tendance effective à la décomposition, ce que caractérise son odeur, ou sa saveur, ou sa causticité : mais malgré cela, ce composé est réellement moins imparfait que ceux ou que l'un de ceux qui ont formé la dissolution de laquelle il est provenu. C'est ainsi que l'acide marin est un composé plus imparfait, que le

sel neutre du même nom, qui provient des suites de la dissolution de l'acide marin avec l'alkali minéral.

440. Ce phénomène devoit ainsi toujours avoir lieu, puisque les composés imparfaits ne sont tels, que parce que leurs principes constitutifs sont dans des proportions qui ne permettent point l'intimité d'union entre eux. Or, lorsque ces proportions viennent à changer, et que les quantités surabondantes de certains principes sont exhalées ou dissipées pendant la décomposition qui constitue la dissolution ; alors les principes qui restent se trouvant encore modifiés et en même tems dans des proportions plus convenables à leur union, forment ensemble un nouveau composé, nécessairement moins imparfait que l'un de ceux qui ont donné lieu à la dissolution.

441. Lorsque la dissolution a lieu entre un composé et une substance simple, il est clair que ce composé doit être imparfait, et que c'est alors la substance simple qui fournit à l'autre le moyen nécessaire pour effectuer en tout ou en partie sa tendance à la décomposition. Or, dans ce cas, la dissolution n'est pas suivie d'une véritable composition nouvelle, mais de la perte

d'une portion du composé imparfait, qu'on
ne peut plus retrouver en totalité, et de la
modification ou de la moindre concentration de l'autre portion restante. Que l'on
verse sur de l'huile de vitriol la mieux concentrée, plusieurs fois son volume d'eau,
on aura occasion d'observer le phénomène
dont je viens de faire mention.

442. Il résulte évidemment, ce me semble, de tout ce que j'ai exposé dans ce cha-
pitre, que la dissolution n'est point un acte
direct de composition, mais que c'est au
contraire l'effectuation de la tendance à la
décomposition entre des substances, dont
une au moins est un composé imparfait.

## RÉSUMÉ DE CET ARTICLE.

443. Je me suis proposé de faire voir dans
cet article que le mot *affinité*, en chymie, a une acception beaucoup trop étendue, et qui induit souvent en erreur, parce
qu'on y rapporte des phénomènes qui en
sont tout-à-fait indépendans.

444. Pour y parvenir, j'ai tâché de prouver que non-seulement on devoit distinguer
l'affinité d'aggrégation, de celle qu'on
nomme affinité de composition; mais même

qu'il falloit restreindre entièrement l'idée qu'on doit avoir de l'affinité, aux phénomènes qui appartiennent à la première sorte d'affinité, c'est-à-dire, aux phénomènes qui dépendent de l'attraction et en même tems de la figure des molécules, soit intégrantes, soit aggrégatives des corps, et qui n'offrent jamais de décomposition ni de composition nouvelle.

445. J'ai essayé ensuite de faire connoître que ce qu'on appelle affinité de composition conduit à une erreur manifeste, parce que tous les phénomènes qu'on y rapporte sont réellement produits par la tendance à la décomposition dont tous les composés sont munis, et qui, se trouvant très-effective dans les composés imparfaits, donne lieu aux phénomènes dont il s'agit. Or, pour rendre sensible le fondement de mon opinion, j'ai établi les propositions suivantes.

## PREMIÈRE PROPOSITION.

*La matière n'a aucune tendance possible à la composition.*

446. Cette proposition résulte, 1°. de ce que tous les composés ont leurs élémens

constitutifs dans un état de modification;
état qui est contre leur nature; 2°. de ce
que la matière ne peut avoir elle-même
aucune tendance à se modifier; 3°. enfin,
de ce qu'aucun composé n'est formé par
l'union immédiate des élémens, que par
l'intermède d'une cause dont l'essence n'est
point dans la matière même [78 et 79].

## SECONDE PROPOSITION.

*Tous les composés de la nature tendent à*
*se détruire, et cette tendance est d'au-*
*tant plus effective, qus les composés qui*
*en sont munis, sont plus imparfaits.*

447. La tendance de tous les composés à
la décomposition est l'effet nécessaire de
l'état de modification de leurs principes
constituans. En effet, la matière modifiée
devant avoir une tendance à se remettre
dans son état naturel, les composés qu'elle
constitue par l'union de ces diverses sortes,
ne peuvent, par la même raison, que tendre
à se détruire. Mais comme l'intimité d'union
des principes n'est pas la même dans tous
les composés qui existent, et que cette intimité d'union amortit la tendance naturelle
des

des composés à la décomposition ; il s'ensuit
que les composés ont leur tendance à la décomposition d'autant plus effective, qu'ils
sont plus imparfaits.

## TROISIÈME PROPOSITION.

*La dissolution n'est point un acte direct
de composition, mais l'effectuation de la
tendance à la décomposition, entre des
substances dont une au moins est un composé imparfait.*

448. Cette proposition est fondée, 1°. sur
ce que la matière ne tend point à la composition ; 2°. sur ce que les composés dont
la tendance à la décomposition est la plus
effective, sont ceux qui donnent vraiment
lieu à la dissolution ; 3°. enfin sur ce que le
nouveau composé, qui reste communément
après une dissolution, n'est jamais formé de
tous les principes des deux premiers composés préexistans, mais est seulement le
résultat de la portion de ces principes, qui
n'ayant pu se dégager, a contracté une nouvelle combinaison.

449. Si ces trois propositions sont aussi
vraies qu'elles me semblent l'être, je suis
donc fondé à conclure que c'est mal-à-propos

*Tome II.*                    D

qu'on attribue à l'*affinité*, les phénomènes
qui résultent de la tendance à la décomposition dont tous les composés de la nature
sont munis , et qui se trouve être très-
effective dans les composés imparfaits.

450. J'invite tous les savans qui s'intéressent de bonne-foi au progrès des connoissances humaines , et particulièrement ceux
qui n'ont pas un intérêt personnel à dé-
fendre des opinions contraires , à examiner
avec la plus grande attention les objets importans dont je viens de m'occuper, et à
confirmer ou combattre , par des raisons solides , les propositions que je me suis cru
fondé à établir.

## ARTICLE II.

*DES composés imparfaits , et de l'effectua-*
*tion de leur tendance, à la décomposi-*
*tion , toutes les fois qu'ils sont en con-*
*tact avec de l'eau ou avec des matières*
*humides.*

451. LES composés qui existent, different
les uns des autres non - seulement par les
proportions , ou quelquefois même par le
nombre de leurs principes constitutifs, mais

aussi par divers degrés d'intimité de l'union de leurs principes [149] : il en résulte que certains composés ont leurs principes constitutifs combinés avec une intimité d'union si forte, que la tendance à la décomposition (qui est le propre de tout composé), est en eux presque nulle, c'est-à-dire, n'est nullement effective; tandis que d'autres composés ont, dans leurs principes, une union si foible, si légère, que la moindre des causes qui peuvent opérer la destruction des composés, suffit pour l'effectuer promptement dans ceux-ci.

452. Ainsi j'ai appellé *composés parfaits*, ceux du premier ordre, c'est-à-dire, ceux qui ont une union si intime dans la combinaison de leurs principes constituans, que leur tendance à la décomposition est réduite à une sorte de nullité, c'est-à-dire, ne se manifeste par aucun moyen; et j'ai donné le nom de *composés imparfaits*, à ceux qui sont dans un cas contraire, et dont la tendance à la décomposition se manifeste, dans certaines circonstances, avec une facilité et une célérité remarquables [433].

453. Or, l'eau qui a, dans un degré supérieur, la faculté de faciliter l'expansion

du feu et de s'en laisser promptement pénétrer dans cette circonstance, a aussi,
par une suite du même principe, celle de
provoquer efficacement le dégagement du
feu fixé des composés imparfaits. J'ai déjà
parlé de ces principes, que je crois incontestables; je vais maintenant en développer
les principales conséquences.

*Le feu imparfaitement fixé dans certains*
*corps, se dégage toutes les fois qu'il*
*touche des matières qui favorisent son*
*expansion, et donne lieu alors aux phé-*
*nomènes qui constituent la causticité, la*
*saveur et l'odeur, si, dans son dégage-*
*ment, ce feu affecte telle ou telle partie*
*des animaux vivans.*

454. De même que la chaleur [161]
n'existe que par rapport aux êtres animés,
lorsque le feu en expansion les pénètre;
de même aussi les phénomènes de la causticité, de la saveur et de l'odeur, n'ont
lieu que relativement aux animaux, lorsque les corps caustiques, savoureux, ou
odorans, les affectent. Il suit de-là, que
si les animaux cessoient d'exister, les effets
du feu en expansion qu'on nomme tantôt

*chaleur*, tantôt *causticité*, tantôt *saveur* et tantôt *odeur*, deviendroient nuls quant à leur mode essentiel; car ces effets n'existent tels, que dans les sensations des êtres animés qui les éprouvent. Aussi le même feu expansif qui les cause, ne produiroit, en pénétrant des substances inanimées, ou qu'une dilatation de leurs masses, ou qu'une division de leurs parties, ou enfin qu'une désunion dans leurs principes composans.

455. J'ai déjà fait voir [73 et 157] que le feu qui se trouve dans un état d'expansion, faisant alors effort pour s'étendre, dilate ou divise nécessairement les corps environnans qu'il pénètre; et que par conséquent il leur communique une altération qui, dans les animaux, constitue ce qu'on nomme *chaleur*, si cette altération est légère et ne détruit rien, et qui produit en eux la *brûlure*, lorsque cette même altération est assez considérable pour rompre l'union des principes qui composent la substance animale. Je me propose de prouver maintenant que, comme le feu peut être dégagé des corps par différentes causes et de plusieurs manières, ce feu n'est pas toujours dans le même état de pureté, lorsqu'il s'en échappe par ces divers moyens.

D 3

Or, il en résulte que son action sur les corps environnans doit être diversement modifiée, selon les différens cas dans lesquels il se trouve en se dégageant, ce qui est cause que lorsqu'étant dans tel cas, il affecte tel organe, la sensation qu'il doit alors produire ne peut être la même que si dans un autre cas il eût agi sur un organe différent, quoique dans le fond ce ne soit par-tout que du feu en expansion mais plus ou moins pur, qui fait effort pour se raréfier.

456. Jusqu'à présent j'ai fait remarquer que le feu fixé dans les corps peut en être dégagé de deux manières différentes. Premièrement, il s'en dégage par l'effet de la combustion [208], c'est-à-dire, par le moyen d'une cause particulière qui, en détruisant le corps qui le contient, lui rend la liberté de s'étendre : secondement, il s'en dégage aussi par l'effet de la fermentation [295], c'est-à-dire, à la faveur de la décomposition naturelle qui s'opère dans la matière qui le retenoit comme principe composant. Or, il me reste à faire voir qu'il y a encore une autre manière dont le feu peut être dégagé des corps; et qui se trouve moyenne entre les deux

premières que je viens de citer. En effet, cette manière consiste en ce que le feu que contiennent certains corps, y étant imparfaitement fixé, n'a besoin uniquement que du contact de certaines matières, pour se séparer de ces corps, soit entièrement, soit seulement en partie, selon les circonstances qui accompagnent son dégagement. Le feu qui, par ce moyen, se sépare des corps qui le contenoient, ou jouit alors de la liberté qui lui donne la faculté de s'étendre, ou forme avec les nouvelles substances qui l'enlèvent, des combinaisons plus intimes que celle qu'il contractoit avant son changement.

457. Il sera aisé maintenant de concevoir, que si le feu qui se dégage de cette manière, le fait par le contact d'un être animé dont la substance lui offre un moyen de dégagement capable de lui faire quitter la matière avec laquelle il étoit imparfaitement combiné auparavant; ce feu alors, en pénétrant la substance animale dont il s'agit, y causera nécessairement une altération et par conséquent une sensation qui, selon sa nature, sera nommée tantôt *causticité*, tantôt *saveur*, et tantôt enfin *odeur*; ce que je vais tâcher de rendre sensible

D 4

par un développement succinct et très-
simple.

*Le feu imparfaitement fixé dans certains*
*corps, produit les phénomènes de la* causticité, *lorsque sa concentration et sa*
*quantité dans ces corps étant considéra-*
*ble, ce feu s'en sépare par le contact*
*de quelque partie humide d'un animal*
*vivant, qui provoque son dégagement, et*
*en est pénétrée.*

458. J'ai dit que les différens corps de
la nature n'ont point leurs principes constituans combinés dans un degré d'intimité
qui soit entièrement égal; et on peut ajouter qu'à cet égard il n'y a point de nuance
dans les divers degrés d'union des principes des corps, dont quelque substance ne
fournisse un exemple.

459. Il y a des corps dans lesquels la
matière du feu est si intimement combinée,
que presque toutes les autres substances
naturelles n'ont point d'action sur ces corps,
et que l'art même n'a que très-peu de
moyens pour les détruire : tels sont plusieurs métaux, comme l'or, la platine, &c.
Mais il s'en faut de beaucoup que tous les

autres corps composés soient dans ce cas, et que le feu fixé que la plupart contiennent, quoique plus ou moins abondamment, y soit uni avec les autres principes dans un degré d'intimité aussi considérable. On sait assez combien est légère la combinaison du feu fixé dans l'acide nitreux fumant, dans l'esprit de sel, dans l'alkali volatil, dans les éthers, &c. &c.

460. En effet, dans beaucoup de substances, le feu qui y est contenu comme principe constituant, y est combiné si imparfaitement qu'il peut lui-même se dégager avec facilité, toutes les fois qu'il rencontre et qu'il touche quelque matière propre à le recevoir ou à favoriser son dégagement ; mais ce dégagement n'a lieu que lorsque les substances qui contiennent le feu dont il est question, ont leurs parties aggrégatives désunies, ou que lorsque ces mêmes substances touchent des matières dans l'état de liquidité, et sur-tout de l'eau fluide ; car l'état de solution est nécessaire pour produire un contact suffisant entre les corps qui contiennent du feu imparfaitement fixé, et les matières qui peuvent en opérer le dégagement.

461. Lorsque les substances dans la com-

position desquelles il entre, comme je viens
de le dire, du feu imparfaitement fixé, en
contiennent une quantité un peu considérable, alors on leur donne le nom de *substances caustiques*. On les appelle ainsi,
parce que lorsqu'elles laissent dégager leur
feu principe, les matières en contact avec
elles qui le reçoivent, en éprouvent aussi-
tôt une altération violente et une destruction de leur nature, qui donne lieu simplement aux phénomènes de l'effervescence [309], si ces matières sont inanimées;
mais qui cause une sensation douloureuse
et cuisante, qu'on nomme *brûlure* ou *causticité*, lorsque ces mêmes matières qui
éprouvent cette altération, font partie d'un
animal vivant. Les substances caustiques
dont je veux parler, sont, en général, les
acides minéraux concentrés, les alkalis fixes
ou volatils, particulièrement lorsqu'ils sont
privés d'une portion de leur eau et de leur
air principe : la chaux vive, l'arsenic, et
divers sels neutres à base métallique.

462. Les substances caustiques ne peuvent agir, c'est-à-dire, corroder et détruire
les corps soumis à leur action, sans se décomposer elles-mêmes ou sans changer de
nature; car ce qu'on appelle leur *action*,

ne consiste que dans le feu qu'elles laissent échapper, et qu'elles communiquent
par l'effet de leur contact avec les matières qui provoquent et favorisent le dégagement de ce feu. Or, ces substances per-
dant un de leurs principes constituans, ne
peuvent conserver leur nature, et sont par
conséquent détruites elles-mêmes par l'effet
de l'altération ou de la décomposition qu'elles
occasionnent aux matières sur lesquelles
elles agissent, ou même par la suite de la
nouvelle composition qui résulte de leur
union avec ces matières dans certains cas.

463. La décomposition en effet, d'une
substance caustique qui agit, est suffisamment prouvée, 1°. par l'impossibilité de la
recouvrer en son état et en son entier après
son action; 2°. par la chaleur qui se rend
sensible pendant cette action, et qui n'est
que l'effet d'une partie de son feu dégagé,
qui, se trouvant libre, s'étend et s'exhale;
3°. et par l'effervescence plus ou moins
considérable qui se forme dans cet instant,
et qui n'est due qu'à l'air, l'un des principes constituans de la substance qui se
décompose, qui se dissipe presque toujours
dans l'état de gaz, pendant la décomposition
de la matière qui le contenoit.

464. Pour que les substances caustiques
puissent jouir de leur activité, c'est-à-dire,
puissent être en état de laisser échapper
leur feu principe , et corroder les corps
qu'elles touchent , je viens de dire [460],
qu'il faut que leurs parties aggrégatives
soient désunies ; cela est ainsi nécessaire ,
parce que quelqu'imparfaitement fixé que
puisse être le feu, principe d'une substance, il ne peut en être dégagé qu'à la
faveur de la désunion complète des particules aggrégatives de la substance qui contient ce feu , la décomposition de cette
substance ne pouvant jamais se faire pendant qu'elle conserve son état d'aggrégation. On sait que la calcination de plusieurs
métaux est nécessairement précédée par
la fusion de ces substances [246]; et que
dans ceux de difficile fusion , les molécules calcinées n'ont plus d'aggrégation avec
la masse encore solide. Si, dans la combustion du bois ou de toute autre matière
pareillement combustible, la matière qui
brûle semble se décomposer avant d'avoir
perdu l'aggrégation qui la rend solide , on
peut regarder cette apparence comme fausse. En effet, dans le cas dont il s'agit , le
degré de feu qui est capable ; en détrui-

sant cette matière combustible, d'en détruire successivement l'aggrégation , est
aussi suffisant pour opérer aussi-tôt la décomposition de chaque particule aggrégative séparée des autres. Or, pour ces matières , l'instant de la désunion de leurs
molécules aggrégatives , et celui de leur
décomposition , sont tout-à-fait les mêmes
et ne peuvent nullement être distingués ;
au lieu que cette distinction est très-sensible dans une multitude de corps, qui
n'ont besoin, pour entrer en fusion, que
d'un degré de feu beaucoup moindre que
celui qui est nécessaire pour les décomposer et en produire la combustion réelle.

465. D'après cela , il est clair qu'une
matière caustique ne pouvant se décomposer tant qu'elle est dans un état d'aggrégation, c'est-à-dire, tant qu'elle est
sous une forme concrète et qu'aucune
cause ne lui fait perdre cette forme , cette
matière alors est incapable d'aucune action : c'est aussi ce que confirme constamment l'expérience. On sait que la pierre
à cautère ou la pierre infernale, appliquée
contre la peau bien sèche d'un animal
vivant , ne la cautérise point, et que ces
pierres conservent leur état d'inaction tant

que la peau dont il s'agit, ne fournit aucune substance capable d'altérer leur état
concret et solide. C'est aussi par cette
raison que les acides minéraux qu'on ne
peut jamais avoir sous forme solide, lorsqu'ils sont purs, sont en tout tems en état
d'exercer leur puissance corrosive et des-
tructive, sur les autres corps qui, par leur
nature, provoquent le dégagement du feu
de ces caustiques.

466. L'eau dans son état de fluidité fournit le moyen le plus prompt, le plus convenable et le plus facile pour rompre l'aggrégation que peuvent avoir dans leurs
particules, les substances caustiques con-
crètes, quelles qu'elles soient. Elle met ces
caustiques dans la circonstance la plus favorable pour que leur feu puisse se dégager, aussi-tôt qu'elles sont en contact
avec quelque corps capable de favoriser
ce dégagement, et qui se laisse pénétrer
et modifier plus ou moins facilement par
ce feu, selon sa nature. Aussi une substance caustique concrète acquiert une faculté brûlante et corrosive, lorsqu'elle touche un corps humide, ou lorsqu'on lui communique un peu d'eau, dont elle s'empare
sur le champ avec une sorte de violence.

467. L'espèce de violence avec laquelle
l'eau pénètre une matière très-caustique,
soit concrète, soit même liquide, mais en
ce cas fort concentrée, est occasionnée
par le feu imparfaitement fixé et très-abondant de cette matière ; car ce feu, à l'aide
de l'eau qui provoque son dégagement, et
dans laquelle il se jette précipitamment,
sort, pour ainsi dire, de la gêne extrême
où il se trouvoit auparavant, n'ayant avec
les autres principes du caustique, qu'une
adhérence insuffisante pour le fixer complètement, et se trouvant dans cette matière en une quantité beaucoup trop considérable, relativement à la combinaison
qu'il peut former avec elle. Aussi ce feu
presque libre acquiert, en occupant plus
d'espace à la faveur de l'eau qu'on lui présente, un état moins contraire à sa nature ;
et l'activité du caustique qu'il constitue,
est par conséquent d'autant plus diminuée,
que la quantité d'eau qu'on lui communique est plus considérable.

468. Le feu du caustique dont je parle,
ne devient point entièrement libre, à mesure que cette matière s'étend dans l'eau,
comme je viens de le dire ; car une grande
portion de ce feu adhère toujours aux prin-

cipes avec lesquels il étoit auparavant imparfaitement combiné; outre cela, par l'intermède de cette portion de feu non libre,
les particules du caustique encore existant
adhèrent elles-mêmes aux molécules de
l'eau entre lesquelles elles sont dispersées,
ou même avec lesquelles elles sont un peu
combinées, ce qui constitue ce qu'on nomme
leur *dissolution*. Mais cette dissolution ne
peut s'opérer sans que dans l'instant même
du trouble qui en résulte, il y ait une portion du feu du caustique, tout-à-fait déga-
gée et devenue libre. C'est ce que l'on
peut prouver par la chaleur qui se rend
sensible dans le liquide dissolvant, et ce qui
peut être démontré par la décomposition
d'une portion plus ou moins grande du caustique même, qu'il seroit impossible de rétablir dans son premier état, sans un déchet proportionné. On connoît la chaleur
très-considérable qui se fait remarquer,
lorsqu'on verse de l'eau dans de l'acide vitriolique bien concentré, ou lorsqu'on en
répand sur la chaux vive, &c.

469. Lorsque l'on combine deux matières
caustiques ensemble, il se fait dans l'instant du mélange ou de la nouvelle composition qui s'opère, une effervescence d'autant

tant plus grande, que les deux matières qu'on unit, different plus entre elles par leur degré de causticité, c'est-à-dire, par la quantité de feu presque libre qu'elles contiennent. Ainsi, lorsque l'on mêle de l'acide vitriolique avec un alkali fixe ordinaire, l'acide dont il s'agit étant beaucoup plus caustique, c'est-à-dire, contenant considérablement plus de feu que cet alkali, lui communique son excès de feu avec précipitation, et se combine lui-même par cet intermède, avec cet alkali. Mais, comme dans l'instant de cette nouvelle composition il se produit nécessairement un trouble considérable ; à la faveur de ce trouble, les fluides élastiques que le nouveau composé qui se forme ne retient pas, comme l'air que contenoit l'alkali, et qui s'échappe dans l'état de gaz et une portion du feu mal fixé de l'acide, que la nouvelle combinaison ne saisit pas; ces fluides, dis-je, se dégagent, se dissipent et donnent lieu à l'effervescence qu'on observe dans cet instant. Si l'on eût combiné l'acide vitriolique avec un alkali rendu caustique, soit par la calcination, soit par la chaux, cet alkali contenant beaucoup plus de feu imparfaitement fixé, que l'alkali ordinaire,

*Tome II.*                                    E

n'eût point reçu avec la même précipitation, l'excès de feu de l'acide vitriolique;
et comme un alkali caustique contient moins
d'air principe, qu'un alkali ordinaire, ce que
l'expérience a fait connoître, dans l'instant
de la nouvelle composition dont il s'agit,
il se seroit moins dissipé d'air, et l'effervescence eût été moins grande que dans
le premier cas que je viens de citer; néanmoins la chaleur produite dans cet instant
de trouble de composition, eût été proportionnée à la quantité de feu que le nouveau composé n'eût pu saisir.

470. Je sortirois des bornes que je me
suis prescrites, si j'entreprenois de faire
l'application des principes que je viens d'exposer à tous les faits connus, qui cependant me semblent tous en prouver le fondement, mais dont le détail me meneroit
trop loin. Il me suffit de pouvoir assurer
ici, qu'ayant fait des recherches sur la matière que je traite, tous les faits dont j'ai
pu me procurer la connoissance, m'ont
paru confirmer clairement la théorie que
je propose. J'ajouterai seulement que parmi
la multitude de faits connus dont il s'agit,
j'ai tâché de citer ceux qui étoient réellement décisifs et qui pouvoient influer for-

tement sur la découverte des causes qui
produisent tous les autres.

471. Ainsi, je conclus de tout ce que je
viens de dire [depuis 459 jusqu'à 471], que
les substances caustiques sont des matières
qui contiennent beaucoup de feu imparfaitement fixé; que ce feu est sur le point
de se dégager, et qu'il ne faut pour qu'il
y puisse parvenir, que le contact de quelque corps humide qui provoque son dégagement, ou de quelque composé qui, par sa
nature, soit propre à le recevoir et à former
avec lui une combinaison plus intime.

472. Il suit de-là, que le feu d'un caustique ne peut se dégager sans opérer la
destruction du caustique même qui le contenoit [462 et 463], et que ce feu qui se
dégage, ne peut se fixer dans un autre
corps, sans changer la nature de ce corps
en formant avec lui une combinaison nouvelle [461]; il suit enfin, que lorsqu'une
substance caustique laisse dégager son feu
par le contact d'une partie quelconque d'un
animal vivant, cette partie de l'animal est
dans l'instant altérée par ce feu qu'elle
reçoit et qui se combine avec sa substance; elle est par conséquent détruite et changée de nature, puisqu'elle subit une com-

position nouvelle qui change l'état et les proportions de ses principes. Or, cette altération violente occasionne dans l'animal qui l'éprouve, une sensation très-douloureuse, cuisante et même brûlante, parce que cette sensation comparée à celle que le feu libre et expansif d'un corps embrasé produit sur les parties des animaux vivans qu'il touche, est presque la même.

473. On peut maintenant concevoir pourquoi les acides minéraux concentrés, pris intérieurement, sont des poisons brûlans et corrosifs; pourquoi les combinaisons de ces acides avec les substances métalliques, qui contiennent, comme je l'ai dit [372], très-abondamment du feu fixé, sont des sels neutres très-caustiques; et pourquoi enfin le feu imparfaitement fixé, que l'on communique en abondance à la terre calcaire en la réduisant en chaux par sa calcination ou par sa dissolution dans un acide, donne à cette matière un caractère caustique très-marqué.

*La causticité des corps qui ont cette qua-*
*lité, n'est point due à une privation ou*
*à un défaut de saturation d'air, qui,*
*comme l'a pensé M. Black, donne à ces*
*corps la faculté de décomposer les ma-*
*tières qu'ils touchent, pour s'emparer de*
*l'air principe que contiennent ces matiè-*
*res, et pour s'en saturer.*

474. Les substances caustiques contiennent, comme je crois l'avoir suffisamment
fait connoître, beaucoup de feu très-im-
parfaitement fixé, ou presque libre; mais
sans doute, par une suite de l'antipatie,
pour ainsi dire, du feu libre avec l'air [49,
75, 207], on remarque assez généralement
que plus une matière est chargée de feu
libre ou presque libre, moins cette même
matière contient d'air, comme principe constituant. Ce qui fait qu'une substance très-
caustique ne contient presque point d'air
principe; mais à mesure que cette substance perd sa causticité, c'est-à-dire, son
feu surabondant, le feu principe qui lui
reste se trouve successivement plus intimement fixé, et alors l'air peut se combiner en proportion avec cette substance,

E 3

si sa nature favorise ou permet cette combinaison.

475. M. Black, savant chymiste anglois,
ayant remarqué que la terre calcaire, dépouillée de son air principe, se trouvoit
alors une matière devenue caustique ; et
ensuite ayant pris garde que la même chose
arrivoit aux alkalis, c'est-à-dire, que l'air
fixé que contiennent ces substances salines, leur étant enlevé par un moyen quelconque, ces alkalis étoient alors beaucoup
plus caustiques qu'auparavant. Enfin ayant
observé que la causticité des matières dont
je viens de faire mention, étoit nulle ou
moindre, lorsqu'elles avoient repris l'air
qu'on leur avoit enlevé, ce savant crut pouvoir conclure de-là, que le défaut d'air
dans une substance qui, par sa nature, devroit en contenir, rendoit cette substance
caustique, c'est-à-dire, selon cet habile
chymiste, lui donnoit la faculté de décomposer les autres matières pour s'emparer
de leur air et s'en saturer.

476. Cette opinion très-ingénieuse et
que tous les faits semblent confirmer, fit
bientôt un grand nombre de partisans,
parmi lesquels il se trouve des savans du
plus grand mérite. Mais, comme elle fut

en même tems combattue par d'autres savans aussi très-distingués, l'incertitude qui résulte nécessairement de cette diversité d'opinion, m'autorisa à exposer mon sentiment.

477. Il me paroît que M. Black a pris dans le cas dont il est question, l'effet pour la cause même; car, quoiqu'il soit vrai qu'un corps très-caustique ne contienne presque point d'air, et que ce même corps n'étant plus caustique en puisse alors contenir beaucoup davantage, cela ne prouve nullement, ce me semble, que l'absence ou le défaut de cet air cause la causticité; mais cela prouve seulement que la substance qui peut occasionner la causticité d'un corps, est d'une nature ou dans un état particulier, qui ne permet pas la présence de l'air dans la matière où cette substance abonde.

478. Les terres et pierres calcaires sont des substances composées d'une partie terreuse très-abondante, combinée intimement avec un peu de feu fixé, et saturée d'une certaine quantité d'eau et d'une quantité d'air même assez considérable. Tous les principes d'une matière parfaitement calcaire, forment un composé complètement

E 4

saturé dans ses parties constituantes: or, la petite quantité de feu fixé qui s'y trouve, y est fortement retenue et ne communique à cette matière aucune faculté caustique.

479. Si l'on expose la matière dont je viens de parler, à l'action du feu en expansion, ce feu libre la pénètre bientôt et en fait sortir, à mesure qu'il s'y amasse, presque toute l'eau et l'air que cette matière contenoit. Ce feu change la nature de cette matière, puisqu'il chasse et dissipe plusieurs de ses principes constituans. Aussi, après cette opération à laquelle on donne le nom de *calcination*, la matière qui reste est une terre qui, outre le feu fixé qu'elle avoit en premier lieu, contient alors une quantité considérable de feu foiblement combiné, et qui n'a pu se dissiper pendant le refroidissement qui a suivi la calcination (1).

_____

(1) *Observation.* Tout ceci est une copie très-fidelle de l'explication de Nicolas Lémery, le plus mauvais, comme tout le monde en convient, des chymistes-physiciens.

. . *Réponse.* Il importe réellement de savoir si cette explication [480] est juste, ou si elle est fondée sur l'erreur, et non de connoître à qui elle appartient, au moins pour le présent.

480. La matière calcaire calcinée est connue sous le nom de *chaux vive;* cette chaux diffère de la matière calcaire, en ce qu'elle est moins pesante, qu'elle est un peu caustique et qu'elle a une saveur âcre et brûlante. Outre cela, si l'on verse un acide sur une substance calcaire, cet acide décompose cette substance avec précipitation, se combine avec elle, et en laisse dégager son air qui se dissipe dans l'état de gaz. Mais, si au contraire l'on verse ce même acide sur de la chaux vive, ces deux matières contenant l'une et l'autre beaucoup de feu imparfaitement fixé, s'uniront sans précipitation, et n'occasion-

---

Que Nicolas Lémery soit ou non le plus mauvais des chymistes-physiciens, je ne déciderai rien là-dessus, parce que *je ne connois nullement ses ouvrages,* et que je n'ai encore eu occasion de voir que son dictionnaire des drogues et sa pharmacopée : mais s'il a dit tout ce qui est exposé dans mon paragraphe 479, je puis prouver qu'à cet égard il n'est point dans l'erreur.

Quant à l'imputation qu'on me fait d'avoir copié fidellement ce prétendu mauvais chymiste, je m'en rapporte au jugement de ceux qui voudront prendre la peine d'examiner ce qui en est, et je leur laisse ensuite à deviner le motif particulier qui a pu produire cette imputation.

neront presque point d'effervescence, parce
que comme la chaux vive ne contient point
ou presque point d'air , il ne peut s'en
dégager assez pendant la combinaison de
l'acide avec la chaux , pour former une
effervescence bien remarquable.

481. Lorsqu'on met de la chaux vive
dans une lessive d'alkali fixe ordinaire,
cette chaux s'empare de l'air principe que
contient l'alkali, et perd, dans cette circonstance , le feu surabondant dont elle
s'étoit chargée pendant sa calcination. Elle
reprend donc son premier état calcaire,
puisqu'à mesure qu'elle abandonne son excès de feu, elle s'unit à l'air de l'alkali et
à la portion qui lui est nécessaire pour former cette combinaison : aussi jouit-elle
alors, comme l'ont prouvé d'habiles chymistes, de toutes les propriétés d'une substance vraiment calcaire. Mais l'alkali fixe
qui a été dépouillé de son air dans cette
opération, s'est emparé de l'excès de feu
qu'a abandonné la chaux vive, l'a retenu,
au moins en grande partie, et l'a légèrement combiné avec ses autres principes.
Or, on conçoit que cet alkali doit être
alors caustique, puisqu'il est privé de son
air et qu'il est surchargé de feu; et on sait

que, si dans ce cas on le réduit sous forme concrète, il forme la pierre à cautère.

482. Enfin, si l'on dissout une matière calcaire dans un des acides minéraux, cet acide qui est un caustique, c'est-à-dire, une substance contenant beaucoup de feu imparfaitement fixé [461], laisse dégager et transmet son excès de feu, en touchant la matière calcaire, et se combine avec cette matière, à mesure que son feu la décompose. Or, pendant le trouble que cette nouvelle composition produit [299], l'air que contenoit la matière calcaire, n'étant point retenu, se dégage et se dissipe communément alors dans l'état de gaz. Si ensuite l'on précipite, par le moyen d'un alkali ordinaire, la matière que l'acide tient en dissolution ; cet alkali, en se combinant avec l'acide, laisse dégager l'air qu'il contenoit ; et comme la matière que cet alkali précipite, a été elle-même dépouillée d'air en se dissolvant, elle saisit alors l'air que l'alkali abandonne, et se précipite dans l'état calcaire qu'elle avoit avant sa dissolution. Mais si on eût fait le précipité dont je viens de faire mention, par le moyen d'un alkali caustique, c'est-à-dire, d'un alkali dépouillé de son air principe, et sur-

chargé de feu imparfaitement fixé; alors la terre calcaire tenue en dissolution dans l'acide, n'ayant aucun moyen de recouvrer l'air qu'elle a perdu en se dissolvant, puisque l'alkali qui la précipite ne peut lui en communiquer; elle saisit, en se précipitant, une grande partie du feu que l'alkali caustique, en se combinant avec l'acide, laisse dégager, et se trouve par conséquent dans un état de chaux. Tous ces faits, comme l'on sait, sont suffisamment constatés par l'expérience.

483. Lorsqu'on laisse de la chaux vive exposée à l'air libre pendant long-tems, cette matière perd peu à peu le feu surabondant et foiblement fixé, qu'elle avoit retenu pendant sa calcination [479]; elle s'empare à mesure de l'humidité de l'air qui la touche, et absorbe en même tems l'air qu'elle peut combiner avec sa substance; enfin elle acquiert insensiblement la quantité d'eau et d'air qui lui rend l'état calcaire qu'elle avoit avant sa calcination. Aussi cette matière se trouvant alors saturée dans ses principes, retient fortement le peu de feu fixé qui lui reste, et ne donne plus aucune marque de causticité.

484. Quant à l'existence d'une grande

quantité de feu imparfaitement fixé dans
la chaux, il me semble que le phénomène
suivant en fournit une preuve à l'abri de
toute replique. En effet, on sait que si l'on
verse de l'eau sur de la chaux vive, il ar-
rivera presque la même chose que lorsqu'on
verse de ce liquide sur de l'acide vitriolique, ou sur un autre acide minéral concentré ; car une grande portion du feu imparfaitement fixé de ces matières, se dégage dans l'instant à la faveur de l'eau [467
et 468], et produit, en se dissipant, une
chaleur considérable.

485. Ce que je viens d'exposer, suffit,
je crois, pour faire voir que ce n'est point
le défaut d'air qui communique à certains
corps la causticité qu'on leur remarque, et
semble prouver clairement que toute matière qui est fortement caustique, contient
une quantité considérable de feu incomplètement fixé, et prêt à se dégager, mais cependant avec plus ou moins de facilité,
selon la nature du caustique même. Ainsi
quelque quantité de feu fixé que contienne
un corps, si ce feu y est parfaitement combiné, ce corps ne sera point caustique :
tel est, par exemple, le mercure, ainsi que
les autres substances dans l'état métalli-

que. Mais si, par le moyen de la subli-
mation, on fait rencontrer dans un même
vaisseau, du mercure et de l'acide marin
très-concentré, tous deux réduits en vapeurs; cet acide qui est un caustique puissant, décomposera le mercure, changera
l'état et les proportions de ses principes,
et le réduira en une matière surchargée
d'un feu dont la combinaison est très-imparfaite. Cette matière est connue sous le
nom de *sublimé corrosif*, et est effectivement le plus corrosif et le plus caustique
des sels métalliques. Cependant, si l'on
combine du mercure avec ce sublimé corrosif, on lui fournit alors un moyen de
fixer plus parfaitement son excès de feu,
et on y parvient d'autant plus, qu'on communique à cette matière plus de mercure
dans sa combinaison. La transmutation du
sublimé corrosif en mercure doux et en
panacée, confirme ce que j'avance.

486. Quoique le sublimé corrosif contienne une grande quantité de feu dont la
combinaison est très-imparfaite, la quantité
de feu complètement fixé qui est dans ce
caustique, est néanmoins considérable. En
effet, toute substance caustique ne doit pas
être censée ne contenir que du feu impar-

faitement fixé; il s'en trouve à la vérité, qui sont presque dans ce cas, comme l'acide marin, l'acide nitreux, l'alkali volatil caustique, &c. dont presque tout le feu principe n'est que très-foiblement fixé; mais un grand nombre d'autres substances contiennent du feu très-intimement combiné et saturé avec leurs autres principes, et sont, outre cela, chargées de feu surabondant, imparfaitement fixé, qui les rend caustiques. Le sublimé corrosif, l'arsenic, et les autres sels métalliques fournissent des exemples de ce second cas.

487. Je ne m'étendrai pas davantage sur ce sujet, quoiqu'il soit susceptible de beaucoup de détails très-intéressans et d'éclaircissemens propres à fixer les points de vue qui le concernent. Ce que j'ai dit me paroît suffisant pour faire voir que c'est à la quantité considérable de feu incomplètement fixé, que contiennent certains corps, qu'il faut attribuer la qualité caustique qu'on leur remarque.

488. Il est facile de s'appercevoir que l'*acidum pingue* de M. Meyer, n'est autre chose que le feu lui-même que ce chymiste a désigné comme une substance particulière. Mais de tous les savans qui ont pensé

que le feu étoit la cause de la causticité,
de la saveur et de l'odeur des corps, personne, je crois, ne l'a plus complétement
prouvé que M. Baumé dans sa chymie expérimentale. Cet habile chymiste a fait sur
cet objet un grand nombre d'observations
qui jettent tout le jour possible sur le sentiment qu'il établit; et qui le mettent tout-
à-fait en évidence.

489. On verra que je ne me suis écarté
de l'opinion de ce savant, que relativement
à la manière dont il suppose que les caustiques agissent; opinion qui n'est nullement
conforme aux principes que j'ai exposés.

En effet, M. Baumé prétend « que la
» matière phlogistique dans les sels alkalis
» se trouve dans un état propre à être
» transmise, soit par la voie sèche, soit
» par la voie humide, à la plupart des corps
» qu'on lui présente; et que la matière
» phlogistique des acides au contraire, ne
» peut être transmise avec la même faci-
» lité : Les acides, ajoute-t-il, s'emparent
» avec avidité du principe inflammable des
» corps soumis à leur action ». (*Chym. exp.*
*tome I, page* 205.)

490. Si l'on verse de l'eau froide sur
une quantité déterminée d'huile de vitriol,
la

la décomposition qui se fait *d'une partie* de cet acide dans l'instant du mélange, ne peut pas être attribuée à du principe inflammable dont il s'empare, puisque l'eau n'en contient point. Or, la décomposition que je cite est prouvée par le déchet que l'on reconnoîtra, si l'on rétablit cet acide dans sa première concentration, et par la chaleur très-considérable que le feu qui se dégage de la portion d'acide décomposée, produit dans l'instant du mélange (1). Il est

---

(1) Je sais qu'on niera tant qu'on pourra cette décomposition, sur laquelle cependant j'insisterai toujours, parce que je suis convaincu qu'elle a lieu nécessairement.

A la vérité, la quantité d'acide véritablement détruit dans le mélange de l'eau avec l'huile de vitriol, n'est pas très-considérable : elle est seulement suffisante pour donner lieu au dégagement de la quantité de feu fixé, qui doit produire la chaleur qu'on observe dans la masse commune, pendant le mélange des deux fluides. Or, il en résulte que le déchet qu'on pourra reconnoître, ne sera de même pas fort considérable; d'autant plus que l'opération même du rétablissement de la concentration de l'acide, doit fournir à cette masse d'acide, du feu en expansion qui se fixe dans sa substance, comme cela arrive aux liqueurs devenues empyreumatiques pendant la prolongation de leur distillation, ou par un feu mal ménagé.

*Tome II.* F

vrai que M. Baumé attribue cette chaleur
au frottement qui s'excite entre les molécules des deux liqueurs qui se pénètrent :
mais d'après ce que j'ai dit [297, 309 et 321],
on a pu voir que cette cause n'est rien moins
que prouvée.

491. La calcination d'une substance métallique par un acide ne prouve pas non
plus que l'acide qui a agi, s'est emparé du
phlogistique du métal calciné; elle prouve
seulement que cet acide, par l'effet de sa
causticité [461], est parvenu à décomposer la substance dont il s'agit, et en a fait
dégager une partie du feu fixé qui entroit
dans sa combinaison. Ce dégagement est
confirmé par la chaleur plus ou moins sensible qui se produit pendant la décomposition du métal, et par le gaz inflammable qui communément s'en exhale dans ce
tems.

*Les corps qui ne contiennent qu'une quan-*
*tité médiocre de feu imparfaitement fixé,*
*sont nommés savoureux, parce qu'ils ont*
*la faculté d'affecter l'organe du goût sans*
*le détruire, et ils sont nommés odorans,*
*s'ils peuvent s'élever dans l'état de va-*
*peurs, et affecter l'odorat.*

492. Les corps savoureux et odorans ne
sont tels, que relativement aux animaux
vivans dont ils peuvent affecter les organes. Ces corps contiennent, comme les caustiques, du feu imparfaitement combiné;
mais ils en different par les quantités de
ce feu dont ils sont munis, et qui sont
beaucoup moindres. Les corps caustiques
en effet contiennent une quantité si considérable de feu peu fixé, que lorsqu'ils agissent, ils détruisent la nature des corps composés qu'ils touchent; au lieu que les corps
savoureux et les corps odorans peuvent produire une sensation plus ou moins vive sur
les organes des êtres animés qu'ils touchent, mais ne laissent point dégager assez
de feu pour décomposer et détruire la substance de ces organes.

493. On voit par-là, que les corps savou-

F 2

reux ne different des corps caustiques, que
par une moindre quantité du feu imparfaitement fixé qu'ils contiennent, ou que par
un feu qui, quoique peu combiné, est masqué par beaucoup de matière qui diminue
la facilité de son dégagement, ou enfin que
par un feu qui, étant incomplétement fixé,
n'est point en même tems dans un état de
rapprochement extrême, et retenu par peu
de matière , comme dans un acide très-
concentré : aussi, lorsqu'on étend un des
acides minéraux dans une quantité d'eau
considérable, cet acide, qui, dans un état
de concentration, est un caustique puissant,
n'est plus alors qu'une matière savoureuse.

494. En effet, lorsque l'acide dont je parle
est étendu dans une grande quantité d'eau,
ses parties aggrégatives sont dans cette circonstance tellement isolées ou écartées les
unes des autres, que l'eau qui les contient
et qui leur adhère, n'en présente aux autres corps qui la touchent, qu'un petit nombre à la fois dans un espace déterminé ; ce
qui fait qu'il ne peut alors se dégager dans
cet espace, que très-peu de feu dans le
même instant. Or, la foiblesse de l'impression qui en résulte pour les animaux, fait
changer le nom de *caustique*, que méritoit

cet acide, lorsqu'il étoit concentré, en celui de *savoureux*, qu'il acquiert dans cet
état d'affoiblissement.

495. On ne peut pas douter de l'existence d'un feu facile à se dégager, dans
les alimens qu'on nomme *spiritueux* ou *acides*; car c'est à la facilité avec laquelle se
dégage le feu peu fixé de ces matières,
qu'est dû l'état douceâtre et point acide du
chyle et du sang; tout ce qui passe dans
les secondes voies, n'étant jamais ni spiritueux ni acide, et ne contenant que du feu
parfaitement combiné. Au lieu que toute
substance, soit caustique, soit spiritueuse,
soit savoureuse, laisse toujours dégager dans
les premières voies tout le feu peu fixé qu'elle
contient.

496. Il est de fait que le feu imparfaitement combiné des substances savoureuses,
se laisse échapper en grande partie dès la
mastication, et que celui des matières spiritueuses se développe pendant la déglúti-
.tion et ensuite dans l'estomac, d'une manière très-sensible. Qu'est-ce qui ne connoît pas la chaleur agréable que produit
dans l'œsophage et dans l'estomac un verre
de bon vin, sur-tout lorsqu'on le boit dans
un tems où l'estomac n'est point assez rem-

F 3

pli d'alimens, pour que l'effet du feu qui
se dégage de ce vin, soit affoibli ou masqué ? Et qu'est-ce ensuite qui ne sait pas
distinguer la chaleur encore plus vive et
plus considérable que produit dans l'estomac un verre d'eau-de-vie, ou d'autre liqueur également forte, c'est-à-dire, de liqueur qui, dans un volume déterminé, contient beaucoup plus de feu surabondant et
peu fixé, que le vin dont je viens de faire
mention ? Or, comment pourroit-on sérieusement prétendre que cette chaleur remarquable qui se fait sentir aussi-tôt qu'on
a bu les liqueurs dont je parle, soit due
au frottement des molécules de ces liqueurs
dans l'estomac, et que ce ne soit pas le
feu peu combiné de ces liqueurs, qui, par
l'effet du contact qu'elles forment avec les
organes humides des êtres animés, se dégage, devient libre, et agit alors sur ces
organes, en y produisant de la chaleur,
comme feroit d'autre feu libre et dans l'état
d'expansion ?

497. Niera-t-on que l'esprit-de-vin ne
contienne beaucoup de feu prêt à se dégager, parce que cette liqueur se trouve
à la température de toutes les autres ; ce
qu'on apperçoit, lorsqu'on y plonge un

thermomètre ? Il suffit de verser un peu
d'eau dans cet esprit-de-vin, pour donner
lieu à un dégagement de feu qui fera
aussi-tôt monter la liqueur du thermomètre
qui y sera plongé. Ce feu peu fixé dans
l'esprit-de-vin, y est si abondant que cette
liqueur est presque caustique et non simplement savoureuse.

498. Enfin, ce qui achève de prouver
que les corps savoureux contiennent du feu
incomplètement combiné, c'est que certaines matières qui, dans leur état naturel,
ont tous leurs principes constituans bien
combinés, n'ont alors qu'une saveur douceâtre et presque nulle. On sait que le
beurre frais, l'huile d'olive nouvelle, le
saindoux, &c. sont des substances douces, et qui n'ont point d'activité marquée
sur l'organe du goût; mais, lorsque ces
mêmes substances, par la vétusté ou par
une autre cause, ont subi un commencement de décomposition, et par conséquent
une altération dans la combinaison de leurs
principes constituans, alors tout leur feu
n'est plus complètement fixé, et dans cet
état ces substances ont acquis une saveur
qu'elles n'avoient pas auparavant. Tout le
monde connoît la saveur insupportable du

F 4

beurre vieux qu'on nomme *beurre fort*, et
de celui qu'on a fait roussir dans une poële,
celle d'une huile rancie, &c. &c. en un
mot, on sait que les fromages deviennent
forts et piquans, à mesure qu'ils vieillissent,
et que le gibier qui n'est point nouvellement tué, acquiert un goût un peu fort,
connu sous le nom de *fumet*. Tous ces faits
me semblent prouver qu'à mesure que les
corps composés perdent l'intimité d'union
qui se trouvoit entre leurs principes constituans, leur feu principe se trouve alors
moins intimement fixé, et communique aux
corps qui le contiennent dans cet état, les
qualités de caustique, ou d'acide, ou d'âcre,
ou d'amer, ou de sucré, ou de spiritueux, &c.
selon la quantité de ce feu peu combiné,
et selon la nature des différentes matières
dans lesquelles il se trouve engagé et plus
ou moins masqué ; matières enfin qui, par
leurs différences, modifient infiniment les
sensations qu'il produit sur les organes des
animaux vivans qu'il affecte.

499. Lorsque les substances qui contiennent du feu imparfaitement combiné, sont
dans l'état de vapeurs, elles causent une
sensation sur l'odorat, si elles viennent à
toucher la membrane humide et nerveuse

qui en est l'organe ; et elles agissent alors par la même cause qui donne de l'activité aux substances savoureuses, c'est-à-dire, en laissant dégager leur feu et en se dé-composant.

## Résumé de cet article.

500. Il me semble pouvoir conclure de tout ce que je viens de dire [depuis 451 jusqu'à 499] : premièrement, que le feu principe qui fait partie constituante de la plupart des composés de la nature, n'est pas également ni parfaitement combiné dans tous les composés qui en sont munis, mais qu'il y a un grand nombre de ces corps qui contiennent du feu incomplètement fixé, et qui y est non-seulement dans toutes sortes de proportions, mais aussi dans divers états de combinaison et dans tous les différens degrés d'union possibles, relativement à la nature de chacun des composés dont il s'agit.

501. Secondement, que les corps qui contiennent du feu imparfaitement fixé, et que, par cette raison, j'ai appellés *composés imparfaits*, peuvent être plus ou moins complètement décomposés par le contact

de diverses substances, qui favorisent le dégagement de leur feu presque libre, qui s'en emparent, qui se combinent avec lui, ou qui en sont légèrement altérées ou simplement affectées, selon la quantité plus ou moins grande de ce feu dans les corps qui en sont pourvus.

502. Troisièmement, que lorsqu'un corps contient une quantité considérable de feu peu fixé, si une substance capable d'exciter le dégagement du feu de ce corps, se trouve faire partie d'un animal vivant, ce corps par rapport à cette substance, est nommé *caustique*, parce qu'il agit sur elle non-seulement en altérant sa nature et en la détruisant, mais encore en y causant une sensation très-douloureuse et comme brûlante. Au lieu que, si la substance qui provoque le dégagement du feu peu combiné du corps en question, se trouve être inanimée, alors ce corps, par rapport à elle, n'est regardé que comme simplement actif, c'est-à-dire, que comme un corps qui a la faculté de la décomposer et de la dissoudre (1).

_____

(1) *Objection.* L'effet d'un caustique est le même, soit qu'il agisse sur le corps d'un animal vivant, soit

5o3. Quatrièmement, que tout corps qui
ne contient qu'une quantité médiocre de
feu incomplètement fixé , ne peut pas être

---

qu'il agisse sur un corps inanimé. A l'irritation près
des parties sensibles et irritables de l'animal vivant, la
pierre à cautère et la pierre infernale rongent et dissolvent aussi bien les chairs d'un cadavre que celles
d'un animal vivant ; toute la différence qu'il y a , c'est
que l'animal vivant éprouve une grande douleur par
l'action du caustique ou dissolvant, au lieu que le cadavre n'en sent rien.

*Réponse.* Ce qu'on présente ici comme une objection, n'est au contraire qu'un développement de mon
troisième principe, mais en d'autres termes, et pris dans
une autre considération.

Au reste, de même que pour tous les êtres insensibles, la chaleur est absolument nulle, quoique le feu
qui la cause puisse les modifier, les altérer et même
les détruire ; de même aussi pour un être inanimé, et
en un mot pour un cadavre, aucun corps de la nature
ne peut être caustique, quoique les substances qu'on regarde comme telles, puissent altérer et même décomposer les corps insensibles dont il s'agit. D'où il résulte
que la causticité d'une substance réside seulement dans
la faculté qu'elle a de produire une sensation particulière et douloureuse, lorsqu'elle agit sur un être sensible , et non dans l'effet mécanique qu'elle cause en altérant ou détruisant les matières composées, soit organiques, soit inorganiques, qui sont soumises à son action.

regardé comme caustique par rapport aux
animaux vivans , parce qu'il affecte trop
foiblement les organes de ces êtres sur
lesquels il peut agir , pour pouvoir les détruire et les altérer sensiblement. Or, dans
ce cas ce corps est simplement nommé *sa-*
*voureux ,* parce qu'il peut produire sur l'organe du goût (par le contact de l'humidité
dont cet organe est continuellement en-
duit , et qui provoque le dégagement de
son feu fixé), une sensation désignée sous
le nom de *saveur en général ,* sensation qui
est différente , selon la nature des divers
corps qui la produisent. Enfin il est nommé
corps *odorant ,* s'il peut s'élever dans l'état
de vapeur et occasionner alors une sensation quelconque sur l'odorat , parce qu'il
affecte cet organe par la même cause qui
fait agir les corps savoureux sur l'organe
qui constitue la saveur.

504. Dans tous ces cas, on voit aisément
que c'est toujours la tendance à la décomposition [*pag.* 33] qui, étant sans cesse sur
le point de s'effectuer dans les *composés*
*imparfaits ,* s'effectue réellement et subitement , au contact de l'eau ou des corps
humides, si le composé imparfait est dans
l'état solide , ou au contact de certaines

matières solides, si ce même composé imparfait est dans l'état de liquidité.

# APPENDIX.

*Les composés aériformes qu'on nomme gaz,*
*n'existent point comme tels, c'est-à-dire,*
*tout formés, dans les substances dont*
*on les obtient, mais sont produits pen-*
*dant la décomposition de ces substances,*
*par le résultat des nouvelles combinai-*
*sons que leurs principes forment en se*
*dégageant.*

5o5. L'AIR entre comme principe constituant dans la plupart des composés de la
nature [48]; c'est ce qu'ont pensé les plus
anciens philosophes, et ce que prouvent
les nombreuses expériences d'Hales et des
plus célèbres physiciens. Alors cet élément
est dans un état particulier de resserrement et de fixation qui ne lui est point
naturel, et qui l'empêche de jouir des propriétés qui lui sont propres. Cet état de
resserrement de l'air dans les corps, est
constaté par l'augmentation considérable de
son volume, qu'il acquiert à mesure qu'il
se dégage et devient libre [375].

506. Lorsqu'un corps qui contient de l'air fixé comme principe composant, se trouve dans un état de décomposition, tous les principes de ce corps ne recouvrent complètement leurs propriétés particulières, qu'autant qu'ils reprennent parfaitement, après être dégagés, leur état libre, pur et naturel. Or, dans une composition compliquée, les principes constituans qui la forment peuvent-ils, par l'effet de la destruction de ce composé, passer immédiatement de l'état de combinaison dans lequel ils se trouvoient, à l'état libre et pur qui est dans leur essence ? C'est ce que je ne crois pas possible, c'est ce qui n'arrive pas en effet, et c'est ce qui me paroît important de faire remarquer.

507. Il n'est point du tout vraisemblable que des principes qui ont entre eux, quoique non indistinctement, une affinité sensible, comme l'eau avec l'air [35 et 50], et la terre avec le feu, lorsqu'il est dans un certain état [22], puissent, en se dégageant d'un composé qui se détruit, en sortir directement dans l'état pur et naturel qui les distingue les uns des autres. Toutes les décompositions que l'art produit, ainsi

que celles que la nature opère, attestent que cela n'est point ainsi.

508. En effet, lorsqu'on décompose un corps quelconque, on n'en obtient jamais immédiatement ses élémens constitutifs dans un véritable état de pureté. Ces mêmes élémens se trouvent, après la destruction de ce corps, plus ou moins engagés les uns dans les autres, et retenus alors par des combinaisons nouvelles et particulières qu'ils ont contractées pendant leur dégagement du corps dont il s'agit. Le bois que l'on décompose par la combustion, n'offre point une terre pure dans ses cendres; et la fumée qui s'élève pendant l'embrasement de ce bois, n'est point non plus un principe pur, mais un composé nouveau qui s'est formé pendant la combustion, par la combinaison d'une grande portion des principes les moins fixes, qui a eu lieu lorsqu'ils se sont dégagés (1).

509. Il est vrai que dans toute décomposition, sur-tout dans celles qui se font

_____

(1) *Objection* ou *remarque*. Tout le monde convient que cela arrive assez souvent, quoiqu'on soit encore bien éloigné de connoître au juste ce qui arrive dans ces différens cas. Les chymistes ne sont pas encore, à

subitement, il se dégage toujours du feu
fixé qui devient tout-à-fait libre, et qui
se rend sensible par la chaleur qu'il produit dans ce cas. Mais ce n'est point une
exception à ce que je viens de dire; car
quoiqu'à la faveur du trouble qui a lieu
dans une décomposition prompte, ou dans
une composition nouvelle entre deux composés qui s'unissent [298 et 299], il y ait
toujours du feu qui s'échappe à cause de
sa très-grande contension, et que les principes qui se combinent de nouveau, ne saisissent point; malgré cela, tout le feu fixé
d'un composé qui se détruit, ne se dissipe point entièrement de cette manière,
et il y en a toujours une portion plus ou
moins grande qui est retenue par les autres
principes, et qui entre dans la combinaison
des nouveaux composés qu'ils forment.

510. Il suit de ce que je viens de dire,
que toutes les fois qu'on décompose un
corps par un moyen quelconque, les principes de ce corps ne s'isolent point en se

---

beaucoup près, aussi savans que peuvent le croire ceux
qui ne savent que très-peu de chymie.

*Réponse.* Je suis entièrement de l'avis de l'auteur de
cette remarque.

dégageant,

dégageant, et ne se séparent point parfaitement les uns des autres, mais forment
au contraire des composés nouveaux et particuliers, qui varient suivant la nature du
moyen qu'on emploie pour décomposer ce
corps. En général dans toute décomposition
qui a lieu, les composés nouveaux qui se
produisent, sont presque toujours de deux
sortes. Les uns, qu'on peut nommer *résidus*,
sont formés par la plus grande portion des
principes les plus fixes qui ne se sont point
exhalés, et qui ont retenu une partie des
autres principes avec lesquels ils ont formé
de nouvelles combinaisons. Les autres composés sont volatils ; ce sont ceux qui se
dissipent et que l'on ne retrouve point, si
l'on ne prend les moyens convenables pour
les recueillir. Ces composés sont formés par
les principes les moins fixes , qui, en se
dégageant, ont entraîné une petite portion
des principes même les plus fixes, et avec
lesquels ils se sont combinés en s'exhalant.

511. Il suit encore que dans toute décomposition que l'on opère, les nouveaux
composés qui en sont le résultat, n'existoient point tout formés, dans le corps qui
a éprouvé cette décomposition. En effet,
en supposant que la substance du corps

*Tome II.* G

dont il s'agit, fût homogène, ses particules
aggrégatives étoient toutes de même sorte,
c'est-à-dire, de même nature, et ne contenoient point les composés particuliers qui
se sont produits pendant la décomposition
de ce corps; mais elles contenoient seulement les principes propres à former ces
composés. Car, pour donner lieu à l'existence de ces mêmes composés, il a fallu que
la première combinaison des principes dont
je viens de parler, fût détruite par une
cause capable de changer les proportions
de ces principes, et de les mettre dans
le cas de former des composés tout-à-fait
différens de celui qui existoit avant leur
formation.

512. Ainsi le jus frais du raisin, qu'on
nomme *moût*, clarifié à la chausse, est une
substance homogène, qui ne contient pas
une parcelle de vin ou d'esprit ardent, ni
de gaz, ni de tartre, ni enfin de vinaigre.
Mais, dès que ce jus a essuyé un certain
degré de décomposition, il a alors perdu nécessairement une portion de ses principes
constitutifs; d'une part, une portion de ceux
qui sont les moins fixes, s'est exhalée, et,
comme elle a entraîné une petite quantité
des autres, elle s'est dissipée dans l'état

de gaz ; de l'autre, une portion de ceux qui sont les plus fixes, ne pouvant rester combinée avec la masse du fluide restant, s'est précipitée en se combinant avec une petite quantité des principes les moins fixes dont elle s'est saisie, et a formé un composé salin qu'on nomme *tartre* (1). Or,

---

(1) *Objection.* Il est cependant bien prouvé que le tartre existe dans le moût, avant toute espèce de fermentation, et qu'on peut même l'en extraire sans le secours du feu.

*Réponse.* Je m'oppose tout-à-fait à l'établissement de cette erreur, et je ne crains pas qu'on puisse donner une seule preuve évidente, qui constate que *le tartre existe dans le moût, avant toute espèce de fermentation,* parce que cela est absolument contraire à la vérité.

Le tartre est un produit de la décomposition, ou autrement de la fermentation du moût ; puisqu'à mesure que la fermentation de cette matière continue, la quantité de tartre qui se forme, augmente perpétuellement. Le moindre degré de fermentation du moût suffit pour former du tartre ; car aucun composé fluide et homogène ne peut fermenter, qu'il n'éprouve dès le premier instant même un changement réel dans les proportions de ses principes constituans, et qu'il ne donne lieu en même tems à la formation de nouveaux composés, par les nouvelles combinaisons des principes qui se séparent.

C'est par cette raison qu'avant que le moût ait sensi-

G 2

ce jus de raisin ayant ainsi perdu une partie de ses principes constituans, n'a plus ceux qui lui restent dans les mêmes proportions entre eux, ni dans le même état de combinaison qu'auparavant; il se trouve donc être alors un composé différent, et dont par conséquent les propriétés ne sont plus les mêmes que celles qu'il avoit dans

---

blement changé dans les qualités qui le distinguent, on a pu en extraire du tartre bien décidé. Mais dès-lors le moût avoit déjà changé de nature, quoique pour nous ce changement puisse être encore imperceptible; enfin, déjà outre les principes qui ont formé le tartre dont il s'agit, une autre portion des principes constituans du moût s'étoit dissipée dans l'état de gaz. En effet, si le plus petit degré de fermentation a pu former du tartre ou un nouveau composé dans lequel les principes les plus fixes dominent, cette légère fermentation a aussi nécessairement donné lieu à la formation d'un gaz, c'est-à-dire, d'un nouveau composé dans lequel les principes les plus élastiques et les moins fixes surabondent. C'est une vérité applicable à toute espèce de fermentation; car dans toutes, les nouveaux composés qui se forment sont toujours de deux sortes [comme je l'ai fait voir paragraphe [510]; les uns ont assez de fixité pour ne point s'exhaler, et forment les résidus que nous connoissons, et les autres extrêmement volatils se dissipent et ne se retrouvent point, à moins qu'on n'emploie des moyens propres à les retenir.

son premier état. Aussi ce composé nouveau, qui porte alors le nom de *vin*, n'a plus cette saveur douce et sucrée qu'avoit le moût ou jus de raisin, ni sa qualité laxative; mais il est totalement changé de nature; sa saveur est plus développée et a quelque chose de piquant, quoiqu'agréable; il a la faculté de fortifier et de ranimer promptement les forces abattues, et il porte à la tête si on en prend une certaine quantité.

513. Si ensuite ce vin vient à subir un certain degré de décomposition, il perd à son tour une portion de ses principes composans. Ceux qui sont les moins fixes, forment encore en se dégageant, des vapeurs gaseuses qui s'exhalent et se dissipent lorsqu'elles ne sont point retenues; et une partie des autres continue de se précipiter et de former du tartre. Mais alors la masse de la liqueur restante n'est plus du vin; c'est un composé nouveau, puisque ses principes sont dans des proportions différentes de ceux qui constituent le vin, et qu'ils ne peuvent être dans le même état de combinaison. C'est pourquoi ce nouveau composé qu'on nomme *vinaigre*, n'a

plus les propriétés du vin, et en a d'autres qui l'en distinguent entièrement.

514. On conçoit maintenant que le gaz qui s'est produit et dissipé pendant la fermentation du jus de raisin, c'est-à-dire, pendant sa décomposition, est un composé particulier qui n'a point ses principes constitutifs dans les mêmes proportions que ceux qui formoient le jus de raisin dont je parle, et que ce composé aériforme ne pouvoit pas y exister tout formé; mais que ce jus de raisin contenoit seulement les matières propres à constituer, et le gaz dont il s'agit, et le tartre, et le vin, et en un mot le vinaigre, relativement aux différentes proportions des principes qui se sont unis, et aux divers états de combinaison qu'ils ont contractés ensemble dans les différens cas que j'ai cités. En effet, ces substances sont toutes très-distinguées les unes des autres par l'état et les proportions de leurs principes, et par leurs propriétés, et sont aussi toutes très-différentes du jus de raisin, quoiqu'elles soient les produits de sa décomposition naturelle. Je dis sa décomposition naturelle, parce que, si par l'art on décompose le moût ou jus de

raisin , on en retire alors des substances différentes de celles que j'ai nommées; ce qui me paroît confirmer entièrement le sentiment que je viens d'établir (1).

_____

(1) *Objection.* Tout ceci, est fort embrouillé, et demande une explication. Il est bien vrai qu'il y a plusieurs principes ou nouveaux composés qui se forment dans certaines décompositions ; mais il y en a aussi qui existent dans les composés avant leur décomposition, tels qu'on les en retire par cette même décomposition ; témoin le tartre dont on a parlé, et qui n'est nullement le produit de la fermentation. Or, ce ne pourra être que par un très-grand travail chymique qu'on pourra parvenir à distinguer bien véritablement les substances préexistantes à la décomposition des mixtes , d'avec celles qui ne sont que le résultat de cette décomposition. Le vrai moyen de tout brouiller et de tout confondre, c'est de décider ainsi en quatre mots des questions très-épineuses et qui demandent de longues suites de recherches et d'expériences. Quoi qu'il en soit, que le *gaz acide crayeux* soit ou ne soit pas un produit de la décomposition de la craie et des alkalis effervescens, car cela n'est pas encore tiré au clair, il n'en est pas moins vrai que cet acide aériforme est un composé d'une nature constante et permanente, de même que l'esprit-de-vin qui est le produit de la fermentation, et le tartre qui ne l'est pas, sont l'un et l'autre des substances constantes et permanentes, chacune dans sa nature, et qu'étant ainsi une fois formées ou extraites, toutes ces matières peuvent entrer successivement dans différens

G 4

515. En faisant l'application de tout ce
que j'ai dit sur le jus de raisin, à tous les

nouveaux composés, et en être séparées sans altération
et en reparoissant toujours avec leurs mêmes propriétés, avec les propriétés qui les caractérisent, et formant
toujours les mêmes composés, lorsqu'on les recombine
avec les mêmes matières. Le gaz acide crayeux, par
exemple, une fois séparé de la craie, reproduira toujours une même terre calcaire, douce, indissoluble à
l'eau, effervescente avec les acides, &c. en le recom-
binant jusqu'à saturation avec la chaux vive. Ces faits
sont avérés, démontrés par les expériences les plus
constantes et les plus décisives; ils sont bien plus importans à connoître, qu'il ne l'est de savoir si ce même
gaz acide crayeux existoit ou n'existoit pas tout formé
dans la craie, avant le changement de cette dernière en
chaux vive.

[ *A* ]

*Réponse.* Il est ici question des composés homogènes
tels que du moût, du chyle, de la bière, du spath calcaire, du sucre, de l'huile, &c. &c. des composés en
un mot, dont toutes les molécules aggrégatives sont de
même nature. Or, comme aucun composé de cette sorte
ne contient nullement dans sa substance d'autres composés particuliers tout formés, parce que, si cela étoit
autrement, les molécules aggrégatives de ces composés
particuliers, ne seroient pas de même nature que celles
du composé principal, et celles-là pourroient en être
séparées sans changer l'essence de celles-ci, ce qui n'est
point conforme à l'expérience; il n'est donc pas vrai

autres composés compliqués de la nature,
on verra que les matières composées par-

---

que les composés particuliers qu'on obtient par la décomposition des matières que je viens de citer, s'y trouvoient tout formés et tels qu'on les retire, avant la décomposition de ces mêmes matières. Cela est absolument impossible, par conséquent contraire à la vérité,
et doit être regardé comme une erreur manifeste.

## [ B ]

Le gaz acide de la craie, celui des alkalis effervescens, l'esprit-de-vin, &c. sont, à ce qu'on prétend, *des
substances permanentes et constantes dans la nature*. Eh
bien, cela prouve-t-il autre chose, sinon que lorsqu'on
prend les moyens propres à retarder ou empêcher la
décomposition de ces substances, elles se conservent
long-tems et nous semblent *permanentes?* Tous les composés de la nature ne sont-ils pas dans ce cas? Mais,
ajoute-t-on, les mêmes matières dans les mêmes circonstances les produisent toujours. Or, je demande à
mon tour, comment cela pourroit être autrement, puisque, comme l'on sait très-bien, les mêmes causes doivent constamment produire les mêmes effets?

## [ C ]

On dira encore que des matières de nature différente
fournissent cependant toutes, en se décomposant, une
substance qui est toujours la même : ainsi la bière, le
vin, la craie, les alkalis non caustiques, produisent, par
leur décomposition, un gaz de même nature et auquel

ticulières que l'on obtient par la destruction de ces premiers composés, n'y exis-

---

on a donné un même nom. A cela je répondrai que les
fluides aériformes qui se produisent pendant la décomposition des substances qu'on vient de citer, se ressem-
blent sans doute par des propriétés générales, mais ne
sont réellement pas les mêmes, et different les uns des
autres comme leurs causes productrices ; car autant de
différences dans les causes, autant de modifications dans
les effets : cela est indubitable. Cependant, ajoutera-
t-on, tous ces fluides aériformes prétendus différens,
précipitent et rapprochent de l'état calcaire la matière
en dissolution qui forme l'eau de chaux ; comment des
substances différentes pourroient-elles avoir toutes
cette propriété commune ? Rien de plus simple et de
plus facile à concevoir. Les fluides aériformes dont il
s'agit, ne produisent l'effet en question, qu'en se décomposant eux-mêmes [ comme je le ferai voir dans
l'instant ] : or, il suffit pour cela qu'ils contiennent en
suffisante quantité et dans l'état de modification nécessaire, tous les principes propres à constituer le nouveau
composé qu'ils forment. On sent que cela peut être, et
n'empêche pas que ces fluides aériformes n'aient des
différences entre eux, plus ou moins sensibles, mais
très-réelles.

[ *D* ]

Enfin, l'on assure que *toutes ces matières* [ les gaz en
question, l'esprit-de-vin, &c. ] *peuvent entrer successivement dans différens nouveaux composés, et en être séparées sans altération.* Cette assertion me paroit tout-à-

toient point véritablement ; mais qu'elles
se sont formées pendant la décomposition

---

fait sans fondement, et je ne crois pas qu'on puisse l'é-
tayer par une seule preuve. Aussi je ne vois dans toute
cette objection, que des efforts pour soutenir un sys-
tême sans principes, et que je trouve destitué de vraisemblance. J'oppose à tout ce système les deux propositions suivantes.

*Première proposition.* Tout composé qui se combine
avec un autre composé pour former un tout homogène,
change nécessairement de nature en se combinant.

*Seconde proposition.* Tout composé qu'on obtient pendant la décomposition d'un autre composé homogène,
n'existoit point dans le composé dont on le retire, mais
fut produit par les suites nécessaires de sa décomposition.

L'expérience consultée de bonne-foi, prouvera toujours, je crois, le fondement des deux propositions que
je viens d'établir. Elles sont générales et ne peuvent pas
être assujetties à aucune exception évidente. Et quoiqu'il soit vrai que le gaz acide crayeux fournisse à la
chaux vive (concurremment avec l'eau), les principes
qui peuvent lui rendre son premier état calcaire ; ce gaz
se décompose réellement en se combinant avec la chaux.
Aussi, lorsqu'on décompose la substance calcaire qui en
résulte, on obtient un gaz à-peu-près semblable au premier, parce qu'il s'est formé de la même manière et par
les mêmes causes ; mais ce gaz n'est point du tout la même
matière que celle qu'on a combinée en premier lieu avec
la chaux. D'ailleurs, lorsqu'on décompose une substance

des composés dont il s'agit. Enfin on verra qu'il est absurde de dire, comme on l'a fait, que les matières calcaires contiennent de la chaux vive et un gaz méphitique, qu'on a nommé *gaz de la craie;* car ce que l'on a avancé à cet égard, n'est ni fondé sur aucun fait, ni même suscepti- ble de pouvoir être supposé avec la moin- dre vraisemblance [78 et 393].

---

calcaire par le moyen d'un acide, le gaz qui se forme et qu'on recueille pendant cette décomposition, ne pro- vient pas uniquement de la matière calcaire, comme on l'a avancé sans preuves; mais c'est un produit des prin- cipes des deux substances [l'acide et la craie], qui, en se combinant, se sont mutuellement décomposées, quoi- que l'une toujours plus ou moins complètement que l'autre.

Voilà l'explication qu'on me demande, et que je crois claire et intelligible. J'aurois pu l'étendre consi- dérablement, si j'avois voulu entrer dans le détail de toutes les preuves que je pouvois citer pour étayer mon sentiment; mais cela m'auroit jetté dans un travail que je n'ai point le tems maintenant d'entreprendre. Elle suffit, ce me semble, pour faire voir que la craie ne contient ni chaux vive ni gaz; que le moût pur ne con- tient ni tartre, ni vin, ni vinaigre; que le chyle ne contient ni sang, ni urine, ni bile, ni salive, &c. que le bois ne contient point de gaz, ni de charbon, ni de suie, ni de cendres, &c. &c.

516. En effet, il n'est pas plus possible
de prouver que le gaz méphitique se trouve
dans les substances calcaires, dans les alkalis crystallisables, dans le charbon, dans
les chairs animales, dans le moût, dans la
bière, &c. que de faire voir que la suie
et les cendres existent aussi dans le bois;
que l'esprit-de-vin, le tartre et le vinaigre, existent tout formés dans le jus de
raisin; en un mot, que le chyle contient
de la bile, de la salive, de l'urine, la matière âcre de la transpiration, &c. Toutes
ces matières ne sont point renfermées dans
les composés dont elles proviennent; mais
elles sont produites pendant la destruction
de ces composés par les combinaisons nouvelles qui se forment dans cette circonstance.

517. Si l'air principe qui se dégage de
la craie que l'on calcine, s'exhale toujours
dans l'état de gaz, quoiqu'on décompose
cette craie par deux moyens différens, par
le feu et par les acides; cela ne prouve pas,
ce me semble, que le gaz soit tout formé
dans la craie même; mais cela prouve seulement que l'un et l'autre des moyens dont
il s'agit, ne s'opposent point à ce que l'air
qu'ils font sortir de cette craie, n'entraîne

en se dégageant, les portions des autres
principes qu'il peut saisir, et avec lesquels
il peut former un composé gaseux. Lorsqu'on laisse éteindre de la chaux vive à
l'air libre, pendant long-tems, cette chaux
se trouve alors rapprochée de son premier
état calcaire, elle est susceptible d'une
nouvelle calcination, et laisse encore échapper de l'air dans l'état de gaz, pendant
qu'on la calcine. Or, cette chaux, en s'é-
teignant, avoit sans doute simplement absorbé la quantité d'air et d'eau qu'elle
pouvoit combiner avec ses autres principes,
à mesure que son excès de feu se déga-
geoit; il auroit donc fallu sans cela qu'elle
se fût emparée d'un gaz tout formé qu'on
supposeroit exister continuellement dans
l'air : c'est en effet ce que l'on a prétendu ;
mais comment l'a-t-on prouvé ? (*Voyez* 57.)

*Les gaz sont des composés aériformes dont
les principes dominans sont l'air et le
feu, l'élément terreux qui y entre vraisemblablement, s'y trouvant toujours dans
la moindre proportion possible.*

518. Tous les composés de la nature par-
ticipent en général, des propriétés de cha-

cune de leurs parties constituantes; mais
telle ou telle propriété domine d'autant plus
dans un composé quelconque, que le principe qui en est la cause est plus abondant
dans ce composé.

519. Ainsi les gaz étant de tous les composés qui existent, ceux qui contiennent
la moindre quantité possible de l'élément
terreux, c'est-à-dire, du principe de la
fixité des corps [23], doivent être par conséquent les matières composées les moins
fixes qui puissent exister.

520. Les gaz doivent être aussi les plus
légères de toutes les matières composées,
puisque leurs principes dominans sont les
deux élémens les moins pesans de la nature; les deux autres ne s'y trouvant que
dans la plus petite quantité possible, et
souvent l'un de ces deux principes man-
quant tout-à-fait.

521. Enfin les matières gaseuses ayant
toutes l'air et le feu pour principes dominans, c'est-à-dire, les deux élémens compressibles et élastiques; ces substances
doivent avoir par conséquent la compres-
sibilité et l'élasticité la plus grande dont
soit susceptible une matière composée. En
un mot, elles doivent être invisibles, puis-

que les deux élémens qui font la plus
grande partie de ces substances, et même
qui les constituent presque entièrement,
sont incapables de réfléchir la lumière [41
et 59].

522. J'ai présumé que les gaz contenoient
tous l'élément terreux parmi leurs principes
constituans, mais dans la moindre proportion possible; je me suis autorisé dans cette
présomption, premièrement, parce que la
terre est une matière qui me paroît capable
de se combiner immédiatement et facilement
avec le feu [74 et 78], et que tous les gaz
contiennent du feu, quoique dans diverses
proportions, ce qui leur donne des propriétés
qu'ils ne peuvent tenir que de cet élément
même; secondement, parce que, lorsque
le feu est combiné avec la terre, le composé du premier ordre qui en résulte ayant
alors des propriétés particulières, a sur-
tout celle de pouvoir admettre l'air dans sa
combinaison, comme le prouvent les chaux
métalliques; troisièmement, parce qu'aucun
fait ne nous apprend que l'air puisse se
combiner immédiatement avec de la terre
pure, ni peut-être avec du feu; quatrièmement enfin, parce que les expériences de plusieurs savans constatent l'existence

tence du principe terreux dans les gaz,
par les dépôts de particules terreuses et de
flocons qu'ils laissent souvent dans les vaisseaux dans lesquels on a reçu et fait décomposer ces gaz.

523. Ce qui prouve que les gaz contiennent du feu comme principe constituant,
c'est que toutes ces matières peuvent se
rapporter à deux sortes principales, qui
toutes deux, par leur nature, indiquent clairement la présence du feu dans leur substance. Ces deux sortes sont *les gaz incombustibles et les gaz combustibles*.

*Les gaz incombustibles deviennent des com-
posés salins, lorsqu'ils se combinent avec
une certaine quantité d'eau, qu'ils ne
peuvent avoir dans leur état de gaz.*

524. La première sorte de gaz comprend
ceux qui ne sont point inflammables, et
qu'on peut nommer en général *gaz incombustibles ;* cette sorte renferme beaucoup
de variétés qui sont relatives aux diverses
substances dont elles proviennent ; mais
elles peuvent se ranger toutes sous un point
de vue commun. En effet, tous les gaz incombustibles se changent en composés sa-

*Tome II.* H

lins, lorsqu'ils se combinent avec une certaine quantité d'eau ; substance dont ils paroissent presque entièrement dépourvus dans
leur état de gaz.

525. Les gaz assez analogues qu'on obtient des matières calcaires, des alkalis, de
la fermentation, des charbons embrasés, &c.
ne se combinent avec l'eau qu'après avoir
perdu une partie de leur excès d'air, et
alors ils rendent l'eau qui les contient, très-
distinctement acidule.

526. Le gaz alkalin redevient alkali volatil, lorsqu'on lui rend l'eau qu'on lui avoit
enlevée pour le réduire dans l'état de gaz.

527. Si l'on fait passer de l'eau sous une
cloche remplie de gaz marin, ce gaz est
absorbé en peu de tems, et l'eau se trouve
changée en esprit de sel.

528. Le gaz nitreux lui-même n'est qu'un
esprit de nitre très-fumant, considérablement surchargé de feu, que les particules
terreuses qu'il contient, quoiqu'en très-petite quantité, retiennent assez fortement.
Ce gaz se décompose en grande partie par
son mélange avec l'air atmosphérique, ce
qui donne lieu au dégagement d'une grande
portion de son excès de feu, produit la
chaleur sensible qui est le résultat de ce

dégagement, occasionne nécessairement une diminution dans le volume du composé qui subit cette altération, et enfin le met alors dans le cas d'être absorbé promptement par l'eau, et de former un véritable acide ni‑ treux.

529. La vapeur méphitique qui porte le nom de *mofette*, et qu'on observe dans la Grotte du chien près de Naples, est un gaz incombustible qu'on peut ranger parmi ceux de la première sorte.

530. Tous les gaz dont il s'agit, favo‑ risent parfaitement l'expansion du feu; ce qui est cause que la combustion d'un corps ne peut pas plus s'opérer dans ces ma‑ tières aériformes, que dans le vuide même. Aussi lorsqu'on plonge une bougie allu‑ mée dans ces gaz, elle s'éteint sur le champ. Cela arrive ainsi, parce que le feu en ex‑ pansion appliqué contre la mèche de la bougie, se dissipant alors sans éprouver de résistance, cesse d'agir sur la matière qu'il détruisoit auparavant.

531. Enfin, c'est à la facilité avec laquelle les gaz favorisent l'expansion du feu, qu'est dû le mélange forcé de la fumée d'une bougie que l'on plonge dans le gaz d'une cuve de liqueur en fermentation, avec ce

même gaz, sans que cette fumée puisse
s'élever dans l'air. En effet, les molécules
de l'eau en vapeur ne s'élevant dans l'air
qu'à l'aide d'une atmosphère de feu en
expansion dont chacune d'elles est pour-
vue [263 jusqu'à 279], perdent bientôt dans
le gaz qui les entoure, leur atmosphère de
feu qui y trouve occasion de se dissiper,
et n'ont plus alors aucun moyen qui puisse
les faire monter dans l'air. Aussi ces molécules aqueuses qui forment la fumée dont
il est question, restent-elles mêlées, flot-
tantes, et comme suspendues dans le gaz,
qu'elles rendent alors visible.

*Les gaz combustibles sont des composés
huileux très-atténués, surchargés d'air,
et qui ne se changent point en composés
salins par le moyen de l'eau, comme les
gaz incombustibles.*

532. La seconde sorte de gaz dont j'ai
à faire mention, comprend ceux qui sont
inflammables, et qu'on peut nommer simplement *gaz combustibles*. Ce sont des composés huileux ou éthers, dans le plus grand
état d'atténuation possible, et surchargés
d'air.

533. Ils ne se combinent que très-diffici-
lement avec l'eau, et il ne paroît point
qu'ils puissent former, par le moyen de ce
liquide, des composés salins, comme le font
les gaz de la première sorte; mais ils s'y
décomposent presque entièrement, lorsqu'on
les agite long-tems avec ce fluide.

534. On peut rapporter aux gaz dont il
s'agit, ceux qu'on obtient en faisant dissoudre ou du zinc, ou du fer, ou de l'é-
tain dans l'acide vitriolique, ou dans l'a-
cide marin; ou, comme l'a démontré de
Lassone, en faisant dissoudre ces mêmes
métaux dans les alkalis. Il faut encore y
rapporter ceux qu'on retire des substances
végétales et animales, brûlées rapidement
dans des vaisseaux clos; et ceux qui se produisent lorsqu'on précipite une dissolution
de foie de soufre par un acide.

535. Il convient aussi de ranger parmi
les variétés de cette seconde sorte, les gaz
qui se dégagent des carrières de sel gemme
et de celles de charbon de terre, et auxquels on donne le nom de *feu brisou*, ceux
qui s'élèvent de certaines eaux et dans les
marais, et qui sont susceptibles de s'en-
flammer; ceux enfin qui s'exhalent des
plantes pendant leur végétation, et qu'on

H 3

nomme *leur esprit recteur*, comme, par exemple, la vapeur inflammable que produit la fraxinelle.

536. Les gaz combustibles qu'on a mis en expérience, n'ayant point été absorbés par l'huile de vitriol, ni par l'esprit de nitre, ni même altérés par les vapeurs du nitre fumant; on a prétendu que ces gaz n'étoient point chargés de feu, comme principe qui leur fût essentiel. Et cette faculté de ne pouvoir se saisir d'une plus grande quantité de feu, par leur contact avec les substances qui n'agissent qu'en communiquant le leur; faculté qui devoit faire sentir combien ces gaz contenoient abondamment de feu, a servi de prétexte pour établir et assurer qu'ils n'en contenoient point. Ce qui prouve que l'on a jusqu'à présent bien peu connu la manière dont les caustiques agissent.

537. En effet, je crois avoir suffisamment démontré [depuis 458 jusqu'à 473] que les substances caustiques contiennent une quantité considérable de feu imparfaitement fixé, qu'elles laissent dégager toutes les fois qu'elles se trouvent en contact avec des matières capables de provoquer le dégagement de leur excès de feu, et de s'en sai-

sir. Mais, si un caustique vient à toucher
un corps qui, par sa nature, soit surchargé
de feu, et soit en même tems dans un état
qui l'empêche de s'en charger davantage
et d'exciter le dégagement de celui du
caustique; alors, malgré le contact, ce
caustique conservera tout son feu et n'a-
gira point sur le corps dont il est question. Ce seroit cependant bien mal-à-propos qu'on inféreroit de-là, que ce corps ne
contient pas de feu dans ses principes,
puisqu'il n'éprouve aucune altération par
le contact d'un caustique; c'est comme si
l'on disoit que le soufre ne contient point
de feu fixé dans sa constitution, parce que
le simple contact de l'acide vitriolique à
froid, ne l'altère point. On sait que l'huile
de vitriol ne décompose presque point l'esprit-de-vin très-rectifié, et ne produit point
d'éther, à moins qu'on ne fasse chauffer
le mélange, ce qui forme une circonstance
différente de celle d'un simple contact.

538. On a dit encore que les gaz combustibles ne contenoient point d'air dans
leur combinaison, parce qu'ils ne peuvent
brûler dans les vaisseaux clos. Quoique cette
opinion soit celle d'un des savans les plus
distingués, à qui la chymie doit infini-

H 4

ment, je crois qu'on peut penser différemment sur ce sujet. En effet, si l'on fait attention que l'air libre ne concourt à la combustion d'une substance quelconque, que
parce qu'il s'oppose à l'expansion du feu
et le fixe sur la matière qui doit brûler;
alors on sentira pourquoi les gaz combustibles ne peuvent brûler sans le secours de
l'air libre, c'est-à-dire, d'un air qui puisse
s'élever en colonne ascendante [209 et 210],
lorsqu'ils ne brûlent pas dans un seul instant, quoique ces gaz contiennent de l'air
fixé qui est essentiel à leur constitution. On
sent en un mot, que dire qu'un morceau
de bois ne contient point d'air dans ses
principes, parce que sa combustion et son
inflammation ne peuvent s'opérer dans des
vaisseaux clos, ce seroit vouloir supposer
ce que contredit clairement l'expérience.

539. J'ai fait voir [222] que les différences qu'il y a dans la combustion des divers corps, relativement à l'air qui les fait
brûler, n'ont lieu que par rapport à la durée des divers embrasemens; durée que les
principes constituans de chaque corps, plus
ou moins adhérens entre eux [217], font
plus ou moins varier. Ainsi un corps dont
la combustion complète exige une durée

d'embrasement sensible, ne brûlera qu'avec
un air assez libre pour être déplacé à mesure qu'il se raréfie par de l'air plus dense
et propre à renouveller l'obstacle, que l'air
qui a été dilaté ne peut plus faire. Mais
un corps dont la combustion peut se faire
dans un instant indivisible, n'a besoin pour
brûler, que d'une quantité d'air suffisante
pour former un premier obstacle, quelque
peu durable qu'il soit. On conçoit par-là
pourquoi la détonnation du nitre peut se
faire dans des vaisseaux clos ; pourquoi
ensuite une autre substance dont la combustion est moins prompte, exige un peu
plus d'air pour pouvoir brûler ; pourquoi
par conséquent il faut plus d'air pour faire
brûler le gaz des marais, que pour le gaz
combustible des métaux ; enfin, pourquoi
toute substance dont la combustion complète ne peut s'achever qu'avec une certaine durée d'embrasement, ne peut réellement brûler que dans un air libre de former une colonne ascendante.

540. Les gaz, en général, sont très-méphi-
tiques et font périr les animaux qui les res-
pirent. Je présume qu'ils agissent dans les
bronches en s'y décomposant et en y laissant dégager des principes qui sont dans

un état propre à altérer la substance même du poumon, ou à en suspendre les fonctions.

541. Les gaz de la première sorte [525 à 529] se changent vraisemblablement dans le poumon, par le contact de l'humidité qu'ils y trouvent, en composés salins qui y sont alors très-nuisibles. En effet, on a déjà remarqué que la vapeur méphitique qui s'exhale des charbons embrasés, cesse d'être sensiblement dangereuse, lorsque dans le lieu clos où l'on brûle ces charbons, on entretient continuellement de l'eau en évaporation par le moyen du feu. Sans doute qu'alors le gaz qui est répandu dans l'air, se décompose et se réduit en acide, en se combinant avec les molécules d'eau qu'il rencontre ; et comme la pesanteur de ce nouveau composé ne lui permet pas de rester suspendu dans l'air, il se précipite et laisse cet élément dans l'état de salubrité qui convient à l'entretien de la vie des animaux.

542. M. Baumé, de l'académie des sciences, a exposé dans l'appendix qui termine le troisième volume de sa Chymie, le sentiment qui lui a paru le plus probable, relativement à la nature des substances aéri-

formes qui, depuis quelques années, fixent l'attention de presque tous les savans. Cet habile chymiste, au lieu de se livrer aux conjectures et d'entreprendre de composer des hypothèses brillantes sur un sujet qui, outre sa nouveauté, en fournissoit encore toutes sortes de moyens par la manière dont il a été traité et présenté d'abord, ne vit dans les gaz que de l'air élémentaire chargé de différentes substances qu'il tient en dissolution, et qui altèrent plusieurs de ses facultés essentielles. Il pense que l'air est identique, qu'il n'y en a qu'une seule espèce, et que cet élément peut entrer et entre en effet dans une infinité de combinaisòns.

543. On a pu voir que ce que j'ai dit sur les gaz, ne diffère pas essentiellement de ce qu'a pensé M. Baumé sur la nature de ces matières; mais comme ce savant chymiste regarde l'air comme le dissolvant d'un grand nombre de corps, et qu'il pense que l'air qui se dégage des matières qui se décomposent, ne se trouve dans l'état de gaz, que parce qu'il charie, en se dégageant, différentes substances qu'il tient en dissolution; j'ai cru devoir m'écarter de son principe. Premièrement, parce que je ne

reconnois point dans l'air la faculté dissol-
vante dont il est question ; secondement ,
parce qu'une pareille faculté ne me semble
pouvoir être attribuée à aucun élément quel
qu'il soit, et qu'elle n'est que l'expression
d'un phénomène dont la cause n'avoit point
encore été connue , ni même entrevue ou
soupçonnée jusqu'à présent.

*L'air ni aucun autre élément, considéré en*
*lui-même, ne peut être le dissolvant d'un*
*corps , de quelque nature qu'il soit.*

544. Les composés seuls peuvent donner
lieu aux phénomènes qui constituent ce
qu'on nomme *dissolution* ; car ces phénomènes ne sont que le résultat des changemens que subissent les composés imparfaits, lorsqu'ils forment de nouvelles combinaisons , comme dans les trois cas suivans. 1°. Lorsque deux composés imparfaits venant à se toucher, forment ensemble un nouveau composé plus intimement
lié dans ses principes, comme l'union d'un
acide avec un alkali ; 2°. ou lorsqu'un composé très-imparfait se combine avec un
composé parfait en une nouvelle substance
dont l'union des principes est moyenne,

relativement à celle de chacun des composés en particulier, comme l'union d'un acide concentré avec un métal quelconque ; 3°. ou enfin, lorsqu'un composé imparfait se combine avec une substance simple qu'il s'approprie, et avec laquelle il forme un composé moins imparfait, comme l'union d'une substance saline avec une certaine quantité d'eau.

545. Deux substances simples qui s'unissent ensemble, comme la terre avec le feu [78], ou l'eau avec l'air [35], ne forment point, à proprement parler, une véritable dissolution ; aucune de ces deux substances ne doit être regardée comme le dissolvant de l'autre, parce que leur union n'est qu'une cohérence particulière entre ces deux principes, fondée sur une affinité réelle, qui sans doute est relative à la forme des molécules intégrantes de chaque principe, ou peut-être à leur nature.

546. Mais, quant aux tendances qu'ont certains composés à s'unir avec d'autres composés, ou avec quelque substance simple, cette tendance dépend moins d'aucune affinité prétendue entre ces composés et les autres matières avec lesquelles ils s'unissent facilement, que de l'imperfection

même des composés dont il s'agit. C'est ce
dont on pourra se convaincre lorsqu'on fera
attention aux différences qui se trouvent
entre les composés parfaits et ceux qu'on
doit nommer *imparfaits* ; et aux phénomènes qui doivent résulter nécessairement
du contact ou du mélange de ces diverses
substances composées.

547. J'appelle *composé imparfait*, tout
corps dont les principes constituans sont
dans des proportions si peu convenables,
qu'il n'en résulte qu'une foible combinaison ou qu'une union imparfaite; ce qui est
cause que ce corps se décompose toutes
les fois qu'il touche une autre substance
qui provoque l'effectuation de sa tendance
à la décomposition [451 à 474], ou avec
les principes de laquelle il peut former
une nouvelle combinaison plus intime.
Aussi voit-on toujours que le résultat de
toute nouvelle combinaison qui se forme
entre deux corps qui se combinent naturellement, est constamment un composé
moins imparfait que l'un des deux séparé-
ment.

548. Maintenant, comme dans tout composé imparfait, les principes élastiques qui
s'y trouvent, sont ceux qui tendent le plus

à se dégager, parce qu'ils n'y sont point dans leur état naturel [364]; et que parmi ces principes, le feu est celui qui est le plus éloigné de cet état, c'est-à-dire, qui est dans la plus grande contraction ou condensation possible [72]; il suit de-là, que lorsque les composés imparfaits contiennent beaucoup de feu dans leurs principes, ils sont alors des corps vraiment caustiques; un composé parfait, comme l'or, le soufre, le diamant, &c. ne pouvant être caustique, quelle que soit la quantité de feu qu'il contienne.

549. En effet, tous les caustiques [461] sont des composés très-imparfaits, qui forment avec la plupart des autres corps qu'ils touchent, de nouveaux composés dont la combinaison est plus intime. Or, si l'on veut convenir d'appeller *dissolvant*, le corps le plus imparfait de deux composés qui, en s'unissant, forment une combinaison nouvelle; on pourra régarder l'acide vitriolique comme le dissolvant, lorsqu'il se combine avec l'alkali végétal, et qu'il forme le tartre vitriolé, ou avec l'alkali minéral, comme dans la formation du sel de Glauber; tandis que ces mêmes alkalis doivent être à leur tour regardés comme des dis-

solvans, lorsqu'ils se combinent avec des huiles ou avec le soufre, et qu'ils forment des savons ou le foie de soufre. Car dans ces dernières combinaisons, ce sont les alkalis qui agissent, parce qu'ils sont des composés imparfaits, et non les huiles ni le soufre, ces substances ayant leurs principes beaucoup plus intimement combinés.

550. On conçoit à présent que c'est très-mal-à-propos qu'on regarde l'eau comme le dissolvant des sels ; car l'eau n'est point un composé imparfait qui tende à admettre dans sa substance aucun autre principe, pour augmenter l'intimité de sa constitution ; c'est une matière simple qui n'agit pas plus sur les sels que le soufre n'agit sur les alkalis, ou que les métaux n'agissent sur les acides. Mais les sels sont des composés imparfaits qui admettent l'eau dans leurs principes, qui s'en saisissent avidement, ce qui est cause qu'ils s'étendent dans sa masse, lorsqu'elle est considérable, et qu'ils doivent être regardés comme des dissolvans, puisque ce sont eux qui agissent. Je ne penche point, malgré cela, pour que le terme de *dissolution* soit employé pour exprimer l'action d'un composé imparfait qui se saisit d'une substance simple ;

jo

je crois qu'il vaudroit mieux n'employer ce mot que relativement à l'action des composés entre eux, et que dans ce cas le composé le plus imparfait doit toujours être regardé comme le véritable dissolvant.

551. Il résulte de ce que je viens de dire, que de même que l'eau n'est point le dissolvant des sels, et ne peut pas l'être d'aucune matière composée quelconque, de même aussi l'air n'est point le dissolvant d'aucun corps; et que ce n'est point comme dissolvant qu'il se trouve combiné avec différens principes dans les gaz, mais que ce sont ces mêmes principes qui s'en sont saisi et ont adhéré à sa substance, en se dégageant du composé compliqué qui se détruisoit, lorsque ces gaz ont été produits. (*Voyez* l'article premier de cette dissertation sur l'affinité chymique, et particulièrement depuis 430 jusqu'à 443).

## RÉSUMÉ DE CET APPENDIX.

552. Je crois maintenant pouvoir conclure de tout ce que j'ai exposé dans cet *appendix*, premièrement, que les gaz sont des composés aériformes produits pendant la décomposition des matières dont on les

*Tome II.*                    I

obtient, par le résultat des nouvelles combinaisons que les principes constituans de
ces matières forment en se dégageant.

553. Secondement, que ces gaz contiennent vraisemblablement de la terre, mais
dans les moindres proportions possibles,
unie à une quantité plus ou moins considérable de feu qu'elle fixe; et que ce mixte
sert d'intermède à la combinaison de la
quantité considérable d'air qui entre dans
la constitution de tous ces composés invisibles.

554. Troisièmement, que les gaz peuvent
être distingués en gaz incombustibles et
en gaz combustibles ; que ceux qui sont
incombustibles paroissent entièrement privés d'eau dans leur état constitutif, et que
lorsqu'ils se combinent avec cet élément,
ils se changent alors en composés salins;
mais que ceux qui sont combustibles, sont
des composés huileux ou éthérés, dans la
plus grande atténuation possible, contenant
beaucoup de feu et une très-grande quantité d'air qui constitue leur état gazeux.

555. Quatrièmement enfin, qu'il n'est
pas plus étonnant de voir que l'air qui se
dégage dans la composition des corps, entraîne avec lui différens principes avec

lesquels il forme alors de nouvelles combinaisons, que de voir que la terre qu'on obtient dans de semblables décompositions, retient toujours avec elle différens principes, avec lesquels elle se combine et adhère plus ou moins fortement. C'est aussi ce qui est cause qu'on distingue diverses sortes de terres, comme on reconnoît des gaz de diverse nature, sans cependant qu'on puisse être fondé à dire qu'il y a plusieurs élémens terreux, ni qu'il y ait plusieurs airs; qu'on puisse considérer comme plusieurs élémens.

# TROISIÈME PARTIE.

*RECHERCHES sur la couleur des corps.*

556. C'est un fait reconnu, que nous ne voyons les corps qui nous environnent, que parce que la lumière qui tombe sur eux, se réfléchit de toutes parts et vient alors frapper nos yeux, s'ils sont tournés vers ces corps [329]; mais les rayons que nous recevons de cette manière, ne sont pas les mêmes, ou au moins ne sont pas dans le même état, relativement aux divers corps qui nous les envoient; aussi les impressions que nous en recevons, sont-elles différentes entre elles, selon que les corps qui les réfléchissent, different réellement les uns des autres: de-là vient que nous distinguons ces mêmes corps non-seulement par leur propre figure, mais aussi par une espèce d'illumination qui est particulière à chacun d'eux; illumination que nous nommons *leur couleur.*

557. On sait que les couleurs nous aident à distinguer promptement les objets,

embellissent toute la nature , et en un mot constituent le coloris varié du magnifique tableau qu'elle offre de tous côtés à nos regards : mais comment la lumière que les divers corps réfléchissent, produit-elle leur couleur, ou plutôt pourquoi les différens corps qui existent, renvoient-ils différemment ou dans un autre état, la lumière qui vient les choquer ?

558. Je ne me flatte pas de pouvoir résoudre définitivement cette belle question, l'une sans contredit des plus importantes que les physiciens aient à traiter ; mais comme mes observations sur la nature des composés et sur les qualités pour eux, qui résultent du nombre de leurs principes cons-titutifs , de la proportion de ces mêmes principes , et en même tems de l'intimité de leur union dans chaque composé, m'ont mis à portée de former des conjectures d'autant plus vraisemblables que tous les faits connus semblent les confirmer; je crois devoir faire connoître mon opinion , et la soumettre au jugement des savans, afin au moins de contribuer par mes recherches à faire découvrir la véritable théorie des couleurs, théorie encore si peu connue.

559. Il paroît maintenant hors de doute

que la cause première de la couleur des
corps, doit être recherchée dans la nature
même de leurs élémens constitutifs: c'est
le sentiment des plus célèbres chymistes;
c'est celui que M. Opoix a exposé dans
son excellente dissertation sur les couleurs;
enfin c'est aussi le nôtre: mais le développement qu'il nous paroît convenable de
donner à la nature de ce principe général,
n'est pas tout-à-fait le même, et ne présente pas les mêmes points de vue que ceux
qu'on a essayé d'établir.

560. Je me propose en effet de faire
voir que ce n'est pas seulement à la présence du feu fixé dans les corps qu'il faut
rapporter la cause de leur couleur, mais
à l'état de ce feu fixé, c'est-à-dire, à son
degré de combinaison, et sur-tout à son
degré de découvrement ou *d'anudation* dans
les composés qu'il constitue; car cet élément existe souvent en abondance, comme
principe constitutif, dans des corps qu'il
ne colore nullement, quoiqu'il soit très-vrai
de dire qu'aucun corps ne puisse être coloré
sans sa présence.

561. Ainsi, pour exposer avec le plus
de clarté possible tout ce que je me propose de dire sur le sujet que j'entreprends

de traiter, je diviserai cette Partie en deux articles.

562. Dans le premier, j'essaierai de faire voir que c'est le feu fixé qui constitue l'opacité des corps, et qu'il produit d'autant plus cet effet, que les composés homogènes qui en sont pourvus, contiennent moins d'eau dans leurs principes. Je ferai en outre remarquer que quoique des corps très-opaques puissent n'être point colorés, tels que certains corps blancs, la couleur des corps altère cependant toujours leur transparence en raison directe de son intensité.

563. Dans le second article, je tâcherai de prouver que les différentes couleurs des corps sont dues aux divers degrés *d'anudation* ou de découvrement du feu fixé que ces corps contiennent comme principe constitutif; et je terminerai par faire voir que l'ordre des couleurs du prisme, n'est point du tout le même que l'ordre naturel des couleurs, suivant leur gradation régulière depuis le blanc jusqu'au noir, qui sont les deux extrêmes de la série dont il est question.

## ARTICLE PREMIER.

*L'opacité des corps est due à la présence du feu fixé dont ils sont alors munis ; et se trouve toujours d'autant plus altérée, que ces mêmes corps contiennent plus d'eau dans la combinaison de leurs principes. Quelquefois elle n'est qu'apparente, ainsi que les couleurs de certains corps.*

564. L'AIR, l'eau et la terre sont des substances tout-à-fait transparentes, lorsqu'elles sont chacune dans leur plus grand état de pureté [17, 26, 41]. On n'a jamais douté de ce que j'avance relativement à l'air et à l'eau ; et je suis persuadé que l'on conviendra aussi de ce principe par rapport à la terre, comme l'ont déjà fait d'habiles chymistes, lorsqu'on fera attention que la terre vitrifiable *ou quartzeuse* la plus pure, qu'on doit avec raison regarder comme l'élément terreux le moins altéré ou le moins modifié connu, est parfaitement transparente.

565. Si les trois sortes de matières que je viens de citer, sont transparentes par

elles-mêmes, il n'est point vraisemblable qu'aucune d'elles puisse être directement la cause de l'opacité des corps; aussi ne connoît-on aucune matière opaque qui ne contienne positivement dans sa combinaison que ces trois principes. D'un autre côté, on a eu tort de dire que l'opacité des corps est une suite de leur densité, car il est évident qu'un morceau de crystal de roche bien net, est un corps beaucoup plus dense qu'un morceau de charbon, quoique celui-ci soit de la plus grande opacité. Mais comme le feu fixé se trouve toujours un des élémens constitutifs d'un composé quelconque, il est facile de s'appercevoir qu'il lui cause une opacité d'autant plus grande, que l'élément aqueux existe en moindre quantité dans sa combinaison.

566. Qu'on y prenne garde: un composé transparent ne se trouve guère être une substance à la fois munie de feu fixé et totalement dépourvue d'eau dans ses principes; tandis que les matières les plus opaques que l'on connoît, et qui sont homogènes, contiennent abondamment du feu fixé et sensiblement point d'eau dans leur combinaison. Les substances salines, spiritueuses et huileuses fournissent des exem-

ples du premier cas, et les matières métalliques et charbonneuses prouvent le fondement du second. Le soufre semble tenir
le milieu entre ces deux sortes de composés ; car il contient un peu d'eau qui
altère son opacité, mais il n'en contient
point assez pour être bien transparent. Il
en est à-peu-près de même des huiles : en
effet, celles qui contiennent le moins d'eau
dans leurs principes, sont constamment les
moins transparentes. Enfin, à mesure que
par la calcination on enlève la plus grande
partie de l'eau principe d'un morceau de
spath calcaire, on sait qu'on altère sa transparence en même proportion.

567. Les corps solides transparens qui
contiennent cependant du feu fixé, et point
d'eau combinée dans leur substance, comme
le verre, de quelque nature qu'il soit, ne
font point une exception à mon principe;
mais ils forment une classe particulière de
corps que je nomme *corps vitrifiés*. Cette
classe de corps est particulière, en ce que
les molécules aggrégées en masse solides
qui les forment, paroissent ne plus être
les molécules essentielles d'aucun composé
particulier. L'état de combinaison des matières qui ont été vitrifiées, paroît avoir été

changé par l'effet même de la vitrification:
or, les molécules qui composent ces matières vitrifiées, sont aggrégées (peut-être
sans combinaison de principes) régulièrement et dans un certain sens par-tout uniforme, qui donne à la lumière un passage
que rien n'interrompt, que rien ne fait dé-
vier, et qui rend ces corps transparens.

568. On voit bien que pour faire des
applications convenables au principe que
je viens d'établir, il ne faut point avoir
égard aux matières hétérogènes; car tout
le monde sait qu'il en est de fort aqueuses, et qui sont cependant opaques à un
assez haut degré : l'encre, par exemple, est
dans ce cas. Mais si l'on fait attention que
cette matière est formée par une substance
colorante qui n'a presque point d'eau dans
sa combinaison, et qui contient beaucoup
de feu fixé; et enfin que cette substance
colorante se trouve suspendue dans un véhicule à la manière des émulsions, alors on
s'appercevra que l'eau qui forme ce véhicule, n'étant point partie constitutive de
la matière colorante dont il s'agit, ne doit
point être considérée dans l'application de
notre principe, et n'y forme aucune exception manifeste.

569. Avant de parler de la cause immédiate de la couleur réelle des corps, ce qui fera l'objet du second article de cette partie de mes recherches, je vais dire un mot des erreurs qu'on fait communément dans l'estimation du degré d'opacité de certains corps, et dans celle qu'on peut faire de leur véritable couleur; et je ferai voir qu'on peut se tromper souvent en confondant l'opacité apparente de tel corps, avec l'opacité réelle de certains autres corps, et qu'on peut aussi tomber dans l'erreur en ne distinguant point la couleur apparente de certains corps, d'avec leur couleur véritable.

*L'opacité d'un corps n'est quelquefois qu'apparente ; alors elle n'est point causée par la nature de ce corps , mais par les circonstances de l'aggrégation de ses molécules, ou par son hétérogénéité.*

570. L'opacité réelle d'un corps ne consiste pas dans l'opacité apparente de sa masse ou d'une portion de sa masse, mais dans l'opacité véritable de chacune de ses molécules aggrégatives. Ainsi on peut dire que les métaux, en général, sont des matières opaques ; parce que non-seulement

les masses de ces matières, mais même leurs plus petites parties, sont tout-à-fait opaques; ce qu'il me semble qu'on peut assurer en toute rigueur, quoiqu'une feuille d'or bien battue laisse appercevoir une sorte de transparence, qu'on auroit tort d'attribuer au passage de la lumière à travers la substance même des molécules de l'or; cette lumière ne passant réellement que par les espaces que ces molécules, dont l'aggrégation alors est presque entièrement détruite, laissent entre elles dans cette circonstance.

571. S'il est vrai que l'opacité réelle d'un corps consiste uniquement dans l'opacité de chacune de ses molécules aggrégatives, ce dont on ne sauroit disconvenir, il n'est pas toujours vrai, malgré cela, que tout corps, dont les molécules aggrégatives sont transparentes, ne soit pas un corps opaque. En effet, l'observation nous apprend que les corps qui ont leurs molécules aggrégatives transparentes, sont à la vérité des corps transparens; lorsque l'aggrégation de leurs molécules est régulière; mais que ces mêmes corps sont vraiment opaques, lorsque leurs molécules sont irrégulièrement ou confusément unies.

572. Ainsi des molécules calcaires, transparentes par leur nature, à cause de la
portion d'eau qui entre dans leur composition, forment des masses transparentes
lorsqu'elles sont unies régulièrement, c'est-
à-dire, lorsque leur aggrégation est dis-
posée conformément à leur figure. Cela a
ainsi lieu, parce que dans ce cas la lumière traverse aisément et ces molécules et
les corps qu'elles forment par leur aggrégation, comme le prouve la transparence
des cristaux calcaires homogènes; de même
les molécules calcaires déposées par l'eau
avec lenteur, s'arrangent encore assez régulièrement dans leur aggrégation; aussi
trouve-t-on toujours un peu de transparence
aux stalactites et à l'albâtre. Mais lorsque
les molécules calcaires sont arrangées confusément entre elles, et qu'elles ne sont
point disposées dans leur aggrégation conformément à leur figure; alors les masses
qu'elles forment sont opaques, parce que
la lumière ne peut les traverser à cause des
inflexions et des détours infinis qu'elle seroit
forcée d'éprouver en les traversant. Les
pierres calcaires et les marbres sont des
preuves de ce que j'avance. Enfin c'est encore la même cause qui fait qu'un morceau

de soufre en canon, n'a point la transparence du soufre cristallisé.

573. L'opacité d'un corps est très-souvent aussi produite par son hétérogénéité : par exemple, lorsqu'un corsps transparent par sa nature contient, parmi les molécules de sa substance, d'autres molécules naturellement opaques, alors le corps dont il s'agit est d'autant moins transparent, que les molécules étrangères et opaques dont il est rempli, sont plus abondantes. C'est ainsi qu'on voit souvent des cristaux vitreux très-colorés et presque opaques ; en un mot, c'est par cette cause que les agathes, les jaspes, les cailloux, &c. ne forment point des masses aussi transparentes qu'elles le seroient, si les particules étrangères, colorantes et opaques qu'elles contiennent en plus ou moins grande abondance, ne s'y trouvoient pas.

574. Il résulte de ce que je viens de dire, que l'opacité d'un corps n'est point toujours réelle ou dans sa nature, puisque tantôt elle est due à l'aggrégation irrégulière et confuse de ses molécules, qui cependant sont elles-mêmes transparentes, et tantôt à leur mélange avec d'autres molécules naturellement opaques.

575. Ce que je viens de dire relativement à l'opacité des corps, a aussi souvent lieu par rapport à leur couleur réelle ; de sorte que communément on prend pour la couleur véritable d'un corps , ce qui n'est vraiment que sa couleur apparente.

*La couleur apparente des corps diffère d'autant plus de la couleur réelle de leurs molécules aggrégatives , que ces corps sont ou moins homogènes , ou plus transparens.*

576. Si l'on veut donner quelque attention à ce que je vais exposer, on s'appercevra aisément que la distinction que je fais des couleurs apparentes des corps d'avec leurs couleurs réelles , n'est point du tout une erreur d'imagination , mais un principe fondé , qui peut nous aider à juger des couleurs véritables des corps, en les distinguant de celles que nous appercevons dans bien des cas.

577. En effet , avant de juger de la couleur d'un corps , il faut déterminer avec la moindre erreur possible , si ce corps est ou n'est pas homogène. Une matière , par exemple , qui seroit formée de l'aggrégation de deux substances différentes , dont l'une seroit rouge

rouge par sa nature, et l'autre bleue, et ces deux substances étant parfaitement mélangées dans leur aggrégation, on ne distingueroit ni les molécules rouges, ni celles qui sont bleues, parce que les molécules aggrégatives de toutes les substances connues sont imperceptibles à cause de leur petitesse. Or, la matière dont il s'agit paroîtroit violette, c'est-à-dire, d'une couleur moyenne, entre le rouge et le bleu. Et si les molécules de l'une eussent été jaunes, et que celles de l'autre eussent encore été bleues, on sent que la couleur du composé hétérogène eût alors peru verte. Cependant la couleur violette du premier composé, et la couleur verte du second, ne sont point les véritables couleurs des molécules aggrégatives de ces corps, mais seulement des couleurs apparentes.

378. Il en est à-peu-près de même de l'altération que la transparence ou ce qui la cause, produit dans la couleur réelle des corps. En effet, l'observation suffit pour faire voir que plus une matière est transparente, plus l'intensité de sa couleur est altérée. Une bouteille de verre blanc pleine de vin rouge ou de jus de merises, laisse appercevoir une liqueur d'un rouge bien plus foncé, que ne seroit une très-petite portion de

*Tome II.* K

cette même liqueur vue au fond d'un verre.
On sait qu'en augmentant la transparence de
la liqueur rouge dont je viens de parler,
par son mélange avec de l'eau, on produit
un effet presque semblable.

579. D'après ce qui vient d'être exposé,
je conclus que la couleur véritable d'une
substance quelconque, est la couleur propre
de chacune de ses molécules aggrégatives.
Mais cette couleur véritable n'est pas toujours la couleur apparente de cette même
substance ; car la couleur apparente d'une
substance, n'est la couleur propre de chacune de ses molécules aggrégatives, que
lorsque la substance dont il s'agit est homogène et opaque. Un morceau d'or pur est
dans ce cas, et il n'y a point de doute que
la couleur propre de chacune de ses molécules, ne soit la même que la couleur
apparente du morceau d'or entier. Au lieu
qu'il n'en est pas de même d'une substance hétérogène, ni d'une substance transparente, au moins en partie ; car la couleur
apparente de ces substances n'est jamais
parfaitement la même que celles de leurs
molécules aggrégatives.

## RÉSUMÉ DE CET ARTICLE.

580. J'ai dû , avant d'exposer la cause immédiate de la couleur propre des molécules aggrégatives des corps , dire un mot de l'opacité des corps qui sont dans ce cas , parce que la matière qui la cause est la même que celle qui produit les couleurs des corps colorés. Or, je crois avoir fait voir que le feu fixé dans les corps y produit d'autant plus l'opacité , que ces mêmes corps contiennent moins d'eau dans leur combinaison ; et que de même qu'aucune substance opaque ne peut être dépourvue de feu fixé , de même aussi aucune substance transparente ne peut être un composé privé d'eau et muni de feu fixé dans sa combinaison , tant que cette combinaison est véritablement subsistante.

581. Afin de prévenir des objections que l'obscurité de ces écrits trop succincts pourroit faire naître , j'ai eu soin de distinguer l'opacité réelle des corps d'avec l'opacité apparente de certains d'entre eux ; opacité que j'ai prouvé , à ce qu'il me semble , n'être due ou qu'à l'aggrégation confuse et irrégulière de leurs molécules , ou qu'à l'hétérogénéité de ces corps.

K 2

582. Ensuite j'ai fait voir qu'il falloit aussi ne pas toujours confondre la couleur réelle des corps avec leur couleur apparente ; parce que quoique dans certains cas la couleur véritable des molécules aggrégatives d'un corps soit la même que sa couleur apparente ; dans beaucoup d'autres cas, elle est absolument différente. Ainsi, pour distinguer ces cas, je me suis cru fondé à établir le principe suivant ; savoir, que la couleur apparente d'une substance ne peut être la couleur propre de ses molécules aggrégatives, que lorsque cette substance est homogène et opaque.

## ARTICLE II.

*Les différentes couleurs des molécules aggrégatives des corps sont dues aux divers degrés de découvrement du feu fixé que ces corps contiennent comme principe constitutif.*

583. Nous avons vu dans le premier article, que l'opacité réelle des corps étoit due à la présence du feu fixé que contenoient, sans exception, toutes les matières qui étoient dans ce cas ; maintenant nous allons

essayer de prouver qu'aucun corps n'est vraiment coloré, à moins qu'il ne contienne du feu fixé parmi ses élémens constitutifs.

584. Outre l'observation qui vient partout à l'appui de cette dernière assertion, nous nous étaierons encore de la remarque suivante. Toute couleur altère d'autant plus la transparence d'un corps diaphane par sa nature, que cette couleur a plus d'intensité; de sorte que d'après cela on peut dire, que pour qu'une substance ait une transparence parfaite, il faut qu'elle ne soit nullement colorée. Il suit de-là que la matière qui a la faculté de colorer les corps, a aussi celle de produire l'opacité. Or, comme cette dernière faculté appartient uniquement au feu fixé, ce dont on a pu se convaincre d'après ce que nous avons dit jusqu'à présent, il est clair que le feu fixé a encore celle de causer la couleur des corps.

585. Mais on objectera que tout corps qui contient du feu fixé parmi ses principes, n'est cependant pas toujours sensiblement coloré, qu'un grand nombre de substances fournissent des exemples de ce cas, et que beaucoup de corps blancs très-combustibles, comme le papier, le linge, la cire, &c. des chaux métalliques fort blanches, mais opa-

K 3

ques et encore réductibles ; enfin la plupart
des matières salines, des esprits ardens , &c.
&c. en sont des preuves incontestables.

586. Pour répondre à cette objection très-
fondée, nous allons faire voir que ce n'est pas
seulement dans la présence du feu fixé dans
les corps , qu'il faut chercher la cause de la
couleur des corps colorés , mais dans le degré de *découvrement* de ce principe fixé
comme élément constitutif.

587. Les corps colorés ne paroissent tels ,
que parce que les rayons lumineux qui
tombent sur ces corps, ne sont pas réfléchis
dans le même état où ils étoient avant de
les avoir choqués. Sans doute qu'une portion plus ou moins considérable de ces rayons
a été absorbée par le corps coloré qui les a
reçus , ou bien que ces rayons reçus ont été
renvoyés dans un état particulier de modification qui occasionne la couleur du corps
qui les renvoie ainsi.

588. Mais qu'est-ce qui est cause qu'un
rayon tombant sur tel corps qu'il ne peut
traverser, n'en revient pas dans le même état
dans lequel il étoit auparavant ? Seroit-ce le
*feu fixé* de ce corps qui produiroit un pareil
effet ?

589. Je ne doute nullement que cela ne

soit ainsi : premièrement, parce que les molécules aggrégatives d'un corps n'arrêtent ou ne réfléchissent la lumière qui les choque, que par une suite de leur opacité : secondement, parce que le *feu fixé* peut seul produire l'opacité réelle des corps, les autres sortes de matières étant transparentes par leur nature : troisièmement enfin, parce que le *feu fixé* ayant seul la propriété d'intercepter immédiatement le passage de la lumière à travers les corps, ce feu combiné doit avoir la faculté, selon les circonstances dans lesquelles il se trouve, de modifier plus ou moins le rayon dont il interrompt ou change le mouvement réel.

590. En effet, un peu d'attention sur tous les phénomènes qui accompagnent la décomposition des corps, va nous mettre à portée d'appercevoir un principe constant dans tous les effets qui en dépendent, principe que l'imagination seule n'a pu suggérer, et qui fait la base de la recherche dont nous nous occupons ici. Ce principe est que le *feu fixé* d'un corps a la propriété d'éteindre ou d'absorber d'autant plus le mouvement de la lumière qui le choque, que ce feu est *plus à nud*, c'est-

K 4

à-dire, est moins recouvert par les autres
élémens qui font partie du même corps;
de sorte qu'on peut dire que plus le *feu
fixé* d'un corps est masqué ou recouvert
par les autres principes de ce corps, moins
il absorbe la lumière qui vient le choquer,
et moins il change ou dénature son mouvement. Or, comme ce feu fixé intercepte
néanmoins le passage de cette lumière au
travers de ce corps sans éteindre aucune
quantité de son mouvement; alors cette
même lumière est entièrement réfléchie,
et le corps dont il s'agit paroît de couleur
blanche. Au lieu que, lorsque le feu fixé
d'un corps est le moins recouvert possible, c'est-à-dire, qu'il est presque tout-à-
fait à nud, alors la lumière qui vient frapper un pareil corps ne peut le traverser,
parce que le feu fixé de ce corps y forme
un obstacle; et n'est point non plus réfléchie, parce que ce même feu fixé tout-
à-fait à nud, jouit complètement de la faculté qu'il a d'éteindre le mouvement de
la lumière. Le corps dont il est question,
doit par conséquent paroître noir.

591. Voyons maintenant si ce principe est
réellement fondé, et si les faits connus s'accordent à le confirmer avec évidence.

592. Qu'arrive-t-il lorsque l'on produit la combustion d'un corps? Le feu en expansion qu'on applique contre ce corps, s'insinue et pénètre aussi-tôt dans sa substance, en écarte d'abord les molécules aggrégatives, et altère bientôt l'union de leurs élémens constitutifs. Or, en quoi consiste cette altération des principes qui composent ces molécules? N'est-ce pas en un écartement gradué de ces principes; écartement qui détruit petit à petit leur combinaison, et met de plus en plus à découvert le feu fixé de cette substance?

593. En effet, comme la combustion d'une matière quelconque produit le dégagement de son feu fixé, opéré par le feu en expansion qui est appliqué contre cette matière [205], n'est-il pas évident que ce feu fixé ne peut commencer à se dégager, que lorsqu'il est aussi à nud qu'il est possible, et qu'il n'est plus défendu par les autres principes qui le recouvroient ou le masquoient?

594. Or, d'un côté, comme, selon notre principe, le feu fixé qui est tout-à-fait à nud, éteint entièrement le mouvement de la lumière qui vient le choquer, et fait paroître noir le corps qui le contient dans

cet état, et que d'un autre côté la combustion des molécules aggrégatives d'un corps ne peut s'opérer que lorsque le feu fixé de ces molécules est tout-à-fait à nud; je demande à tous ceux qui ont observé les phénomènes de la combustion, s'ils ont jamais vu un seul corps brûler véritablement, avant que les parties de sa substance aient acquis une couleur noire? Le papier que l'on présente au feu, le bois, le linge, et en un mot tout corps combustible sans exception; se colore de plus en plus à mesure que le feu en expansion altère la combinaison de ses principes, et met de plus en plus à découvert le feu fixé qui est un de ses élémens constitutifs. Aussi, à mesure que le feu fixé de ce corps se trouve plus à découvert, il absorbe ou altère en même proportion le mouvement de la lumière qui tombe sur ce même corps; cette lumière par conséquent s'y réfléchit de moins en moins, et enfin le corps dont il s'agit, s'altère au point que son feu fixé se trouve tout-à-fait à nud, et prêt à se dégager; alors il cesse de réfléchir la lumière, et paroît noir.

595. La couleur qu'acquiert le pain que l'on fait griller, les viandes que l'on fait

rôtir, le sucre ou la farine que l'on brûle, les crêmes d'entremets dont on brûle la superficie, &c. sont des exemples familiers, dont la citation plus étendue deviendroit fastidieuse, mais qui prouvent qu'à mesure que le feu en expansion altère la combinaison des élémens des corps et met leur *feu fixé* plus à nud, ces corps prennent de plus en plus de la couleur, finissent par devenir noirs ; et que ce n'est qu'alors qu'ils peuvent réellement brûler, ou au moins que peuvent brûler les portions de leur masse qui sont dans cet état.

596. Nous venons de voir que les molécules aggrégatives d'une substance ne peuvent véritablement brûler que lorsque leur feu fixé est tout-à-fait à nud, parce que ce n'est que dans cet état que ce feu combiné peut commencer à se dégager ; il suit de-là que tout corps dont le feu fixé est tout-à-fait à nud, se trouve dans l'état le plus voisin de sa combustion : or, tout corps, dans cet état, doit, selon notre principe, réfléchir le moins possible la lumière qui vient le choquer, et par conséquent paroître noir. Toutes les matières charbonneuses, la suie, &c. prouvent, je crois, suf-

fisamment le fondement de ce que je viens d'avancer.

597. L'altération d'un composé par l'effet de la combustion, n'est pas la seule qui mette à découvert le feu principe de ce composé; car toute décomposition naturelle qui s'opère dans des matières peu liquides produit aussi le même effet.

598. Les excrémens des animaux, les fumiers, &c. dans l'état le plus voisin de leur décomposition totale, sont noirs, comme le prouve le terreau qui en résulte. La tourbe est un terreau végétal dont la couleur est encore noire : le bois qui se décompose, sans être exposé au contact de la lumière, comme celui qui est caché sous la terre, ou profondément enfoncé dans l'eau, acquiert une couleur noire en s'altérant. Les débris des végétaux dans les forêts, forment une couche de terre végétale dont la couleur est noire, ou au moins approche plus du noir qu'elle est plus voisine de sa décomposition. Lorsque cette couche se forme sur un sable fin, elle constitue le *terreau de bruyères*, terreau presque noir, très-abondant dans la forêt de Fontainebleau et dans d'autres lieux sembla-

bles, et qui est si précieux pour la culture d'un grand nombre de plantes et d'arbustes.

599. Dans les grandes villes, les pavés posent sur un sol imprégné de matières qui se décomposent, et dont le feu fixé tout-à-fait à nud par l'effet de leur altération, leur communique une couleur noire. L'odeur fétide et insupportable des matières dont je parle, prouve leur état de décomposition. Dans les fouilles qu'on a faites au fauxbourg S. Antoine, et où l'on a trouvé abondamment du soufre qui s'y étoit formé, ce qu'à fait connoître à l'académie Fougeroux de Bondaroi, l'un de ses membres; j'ai observé que tout le terrein qui paroissoit avoir été autrefois un dépôt d'immondices ou une voierie, étoit fort noir. L'extrême fétidité de ce terrein annonçoit encore son état de décomposition.

600. En un mot, c'est un fait que l'observation confirme, et constatera toujours d'autant plus, qu'elle sera plus consultée; savoir, que tout composé dont le feu principe est tout-à-fait masqué, paroît toujours de couleur blanche; parce que dans cet état la superficie de ce composé réfléchit entièrement la lumière qu'elle reçoit : et qu'à mesure que ce composé subit dans la

combinaison de ses principes, une altération qui met son feu fixé de plus en plus
à découvert, ce composé se colore et passe
successivement par des couleurs, dont nous
exposerons tout-à-l'heure la véritable série (1) ; couleurs qui, comme nous le ver-

---

(1) On trouve dans mon Dictionnaire de Botanique,
à l'article *corolle*, et ensuite à l'article *couleur* des plantes [vol. II, p. 117 et 143] des citations qui présentent les preuves les plus évidentes du fondement de ce
principe.

J'y expose que la couleur verte est celle qui est naturelle aux végétaux, ou au moins aux parties vivantes
des végétaux qui jouissent alors d'une végétation complète. Elle est le produit d'une matière colorante particulière [ formée d'un mélange de molécules bleues et de
molécules jaunes] produite pendant la végétation, au
moyen d'un contact de lumière suffisante, essentiel à sa
formation.

Or, lorsque la matière colorante verte dont il s'agit
se trouve dans une plante ou dans une partie de plante
qui cesse de végéter, ou qui languit, ne recevant plus
suffisamment de nourriture, alors cette matière subit
diverses altérations successives dans la combinaison de
ses principes, qui changent proportionnellement sa nature et sa couleur.

Dans cette circonstance la couleur verte de la plante
ou de la partie de plante dont il est question, disparoît
insensiblement et se change en une autre couleur qui
est relative au degré d'altération qu'a subi la matière

rons, deviennent d'autant plus sombres, que ce feu fixé est plus près d'être tout-

---

colorante du végétal cité, et à la nature du suc propre de ce végétal, suc propre qui a influé sur la quantité ou sur la promptitude de cette altération. En effet, l'altération que subit la matière colorante végétale, dans le cas dont je viens de parler, a diminué l'intimité d'union des principes constituans de cette matière, et a mis son *feu fixé* dans un degré de *découvrement* et de moindre combinaison, qui lui permet de réfléchir la lumière dans un autre état qu'auparavant, et conséquemment de colorer différemment la matière dont il fait partie.

Ainsi, la tige et les feuilles des plantes herbacées, les jeunes rameaux des arbres et leurs feuilles bien nourries, les fruits avant leur maturité, la plupart des fleurs avant leur épanouissement, en un mot toutes les parties vivantes et végétantes des plantes suffisamment exposées au contact de la lumière, sont en général d'une couleur verte plus ou moins foncée, parce que le parenchyme de ces parties contient la matière colorante végétale dans son état parfait. Mais l'écorce du tronc et des grosses branches des arbres, celle de leurs rameaux pendant l'hiver, les feuilles prêtes à tomber des arbres et des arbrisseaux qui s'en dépouillent tous les ans, les fruits mûrs ou qui approchent de leur maturité, les parties des fleurs épanouies, &c. n'ont point alors la couleur verte dont je viens de parler; parce que ces parties languissent, ne reçoivent presque plus de nourriture, et que leur végétation est considérablement diminuée ou même presque anéantie.

à-fait à nud ; et qu'enfin, lorsque le feu fixé du composé dont il s'agit, est aussi à nud qu'il peut l'être, alors il cause la couleur noire.

601. M. Opoix s'est apperçu àvant que j'écrive, que les corps les plus colorés avoient ce qu'il nomme *leur phlogistique*, plus à nud que les autres ; mais il pensoit en même tems que ces corps contenoient aussi plus de phlogistique, et que leur phlogistique étoit plus raréfié. Il dit à la page 5, que « la couleur blanche est celle » que prennent ordinairement les corps qui » n'ont que peu ou point de phlogistique ». Et à la page suivante il ajoute : « on sait » au contraire que la couleur noire des » corps annonce qu'ils sont chargés d'une » grande quantité de matière inflammable ». Il est clair que ce sentiment n'est point

---

* J'invite le lecteur à aller voir dans mon Dictionnaire même, aux articles ici cités, les détails de cette intéressante observation, et les citations de végétaux ou de parties de végétaux qui offrent des exemples frappans du changement de la couleur verte des plantes, en toutes sortes de couleurs plus ou moins vives et brillantes, selon le degré d'altération de cette matière colorante verte, et à la fois selon l'influence du suc propre de la plante qui subit ces altérations.

. du

du tout le nôtre. Nous savons à la vérité que les divers composés de la nature n'ont pas tous une égale quantité de feu fixé parmi leurs élémens constitutifs; mais l'observation nous a appris que ce n'est point la couleur des corps qui peut nous faire juger de la quantité de leur feu principe, parce que cette couleur n'est jamais due à la quantité de ce feu, mais appartient toujours à son degré de *découvrement*.

602. Une remarque essentielle à faire, c'est que lorsqu'un corps dont le feu principe est tout-à-fait masqué, réfléchit entièrement la lumière et paroît blanc; il est clair que son feu fixé n'agit point, qu'il n'entre pour rien dans cet effet, et qu'il ne peut que causer l'opacité de ce corps, en raison directe de sa moindre quantité d'eau principe. Il suit de-là qu'une matière qui ne contiendroit pas la moindre particule de feu fixé, pourroit néanmoins paroître blanche, si elle réfléchissoit la lumière entièrement: la neige en est une preuve remarquable. Il suit encore que tout corps blanc ne doit pas être jugé par sa couleur, ne contenir dans ses principes que peu ou point de feu fixé; parce que de même que ce corps peut n'en point contenir du tout,

*Tome II.* L

de même aussi ce même corps peut en
avoir une quantité considérable, et malgré
cela paroître blanc. La cire blanche, le
suif, l'argent, &c. en sont des preuves évidentes. La cire jaune n'est colorée que par
des particules de matière étrangères à sa
nature : or, lorsque ces particules sont tout-
à-fait décomposées et détruites par l'exposition de cette cire divisée en brins très-
minces, au contact de la lumière et de
l'air, alors la cire dont il s'agit se purifie,
devient une matière homogène et acquiert
une couleur blanche, parce que son feu
principe est tout-à-fait masqué.

### Ordre naturel des couleurs.

6o3. S'il est vrai que les divers degrés
de découvrement du feu principe des corps
donnent lieu à autant de teintes colorantes
particulières, il s'ensuit que depuis le corps
dont le feu fixé est masqué parfaitement,
ce qui lui cause une couleur blanche, jusqu'au corps dont le feu combiné est tout-
à-fait à nud, ce qui lui cause une couleur
noire, on doit trouver dans la nature des
exemples de tous les degrés intermédiaires
de découvrement du feu fixé ; d'où il suit

par conséquent qu'il doit exister un ordre ou une série naturelle de couleurs, dont le blanc doit être à l'une des deux extrémités, et le noir à l'autre; une série enfin qui n'admette dans toute son étendue aucune ligne de séparation marquée, mais qui lie par des nuances imperceptibles toutes les teintes qui correspondent à chaque degré de découvrement du feu fixé des corps.

604. L'ordre dans lequel les couleurs passent du blanc au noir, à mesure que le feu fixé des corps devient de plus en plus à découvert, me paroît être le suivant, parce qu'il est le seul qui s'accorde avec les observations qu'offrent les divers degrés de décomposition des corps.

*Le blanc, le jaune, l'orangé, le rouge, le violet, le bleu et le noir.*

605. Le blanc est, comme je l'ai déjà dit, l'état d'un corps opaque dont le feu fixé qui entre dans sa combinaison, est parfaitement recouvert ou masqué par les autres principes de ce même corps; de sorte que le feu fixé dont il est question, ne jouit aucunement de la faculté qu'il a d'ab-

L 2

sorber ou d'éteindre le mouvement de la
lumière. Or, comme un corps de cette
nature réfléchit tout-à-fait les rayons qu'il
reçoit, on sent qu'il doit paroître blanc,
sur-tout s'il ne renvoie pas les rayons dans
le même ordre qu'il les reçoit, comme le
font les miroirs et les corps qui rendent
toutes les images [331].

606. Le premier degré d'altération que
le corps blanc dont je viens de parler, subit dans la combinaison de ses principes,
met son feu fixé un peu à découvert: alors
ce feu fixé jouissant légèrement de sa faculté d'altérer le mouvement de la lumière
qui le choque, est cause que les rayons
qui se réfléchissent sont un peu modifiés;
et dans ce cas, le corps, au lieu de paroître
encore blanc, commence à se colorer, et
nous semble jaune. On sent que si l'altération dans la combinaison des principes de
ce corps blanc, a été extrêmement foible, la
teinte jaune sera foible en même proportion:
or, il est aisé de concevoir que son moindre
degré ne peut pas sensiblement se distinguer
de la couleur blanche. Mais si l'altération
de ce composé a été plus forte, la teinte
jaune en sera plus foncée, ce qui s'accorde
avec notre principe et avec l'observation.

607. Au lieu d'un degré d'altération dans la combinaison des principes du corps blanc, suffisant pour donner lieu à la couleur jaune, supposons une altération un peu plus grande, et qui ait mis le feu fixé de ce corps un peu plus à nud; alors la couleur jaune sera non-seulement plus foncée, mais laissera appercevoir une teinte de rouge, et le corps aura ce qu'on nomme *une couleur orangée*. On conçoit que si l'altération du composé continue, la teinte jaune sera à la fin effacée, et la couleur du corps sera tout-à-fait rouge.

608. En supposant encore plus grande l'altération du corps dont nous parlons, et son feu fixé plus à nud, sa couleur rouge deviendra plus foncée, et laissera même distinguer une nuance de violet, par l'effet d'une légère teinte de bleu qui commencera à se former. Or, par une même suite de l'altération continuée de ce corps, sa couleur deviendra insensiblement tout-à-fait violette, et de-là passera au bleu pur, à mesure que la teinte rouge qui constituoit le violet sera disparue. Enfin par une suite de la même cause, la couleur bleue du corps en question deviendra plus foncée,

moins vive, et à la fin disparoîtra en ne se distinguant plus du noir.

609. L'examen des matières qui se décomposent soit par le feu, soit par l'action d'une autre cause, suffit, ce me semble, pour confirmer le fondement de tout ce que je viens d'établir.

610. La première nuance de couleur qu'un corps blanc acquiert dans le premier degré d'altération de ses principes, n'est jamais ni rouge, ni violette; mais c'est décidément une couleur jaune.

611. Quand on brûle de la farine, ou du sucre, ou du linge, ou du papier, &c. la première teinte colorante qu'on apperçoit, est vraiment jaunâtre. A la vérité bientôt elle se change en une couleur rousse : mais qu'on y prenne garde, cette couleur rousse n'est qu'apparente. Elle est formée par un mélange de molécules jaunes, de molécules rouges, et de molécules noires. En effet, lorsqu'on brûle un corps blanc quelconque, toutes les molécules aggrégatives qui composent la masse de ce corps, ne sont pas à la fois également altérées dans la combinaison de leurs principes ; les unes sont déjà jaunes, que les autres, sans altération, sont encore blanches : bientôt celles qui étoient

jaunes acquièrent une couleur orangée et même rouge, que les autres ne sont encore que jaunes, et même qu'il s'en trouve encore parmi elles qui ne sont que blanches, parce que celles-ci ont échappé à l'action de la cause qui a altéré les autres; enfin déjà les premières molécules altérées sont parvenues à la couleur noire, tandis que d'autres ne sont encore que rouges, et d'autres simplement jaunes. Or, on sait que les couleurs noire, rouge et jaune, produisent ensemble une couleur apparente qui est appellée *couleur rousse*.

612. Beaucoup d'autres faits connus prouvent que l'altération dans la combinaison des principes des corps, fait passer successivement ces mêmes corps de la couleur blanche au jaune, du jaune à l'orangé, de celle-ci au rouge, ensuite au violet, bientôt après au bleu, et enfin au noir: ce qu'on reconnoît même dans les décompositions qu'on ne peut entièrement achever, et qui ne laissent appercevoir par conséquent que des portions de la série des couleurs.

613. On sait que le feu fait prendre au soufre une couleur rouge, de jaune qu'il est naturellement; que la chaux de plomb prend

L 4

d'abord une couleur jaune, passe ensuite
à l'orangé, et forme alors le massicot,
et qu'enfin elle devient rouge et constitue le *minium*; que la chaux de fer formée par l'action combinée de l'eau et
de l'air, est l'ochre jaune, et qu'ensuite
l'action du feu mettant encore plus à nud
le feu fixé de cette ochre, la fait passer
à l'état d'ochre rouge : enfin on sait que
la chaux de fer surchargée d'un feu fixé presque entièrement à nud, constitue
cette matière bleue qu'on nomme *bleu
de Prusse;* et que si, par la manière
de préparer cette matière, on donne
lieu à un découvrement trop considérable de son feu fixé, elle se trouve alors
d'un bleu sombre à peine distingué du
noir.

614. On a pu voir que dans toute la
suite de couleurs dont je viens de faire
mention, couleurs qui se succèdent par les
nuances les plus imperceptibles, à mesure
qu'un corps par une altération graduée de
la combinaison de ses principes, passe du
blanc au noir, je n'ai point parlé de la
couleur *verte*. La raison en est bien simple; c'est que cette couleur n'en est point
une véritable; mais n'est qu'une apparence

produite par l'effet de deux couleurs mêlées, qui se font appercevoir à la fois.

615. L'on peut en effet se convaincre par
l'observation, que telle altération que l'on
produira dans la combinaison des principes
d'un corps homogène, on ne réussira point
à lui faire acquérir une couleur verte, parce
que le vert ne se trouvant point dans l'é-
chelle graduée des couleurs comprises entre le blanc et le noir, aucun corps ne peut
avoir ses molécules de couleur verte. Mais
lorsqu'un corps est hétérogène, et qu'une
portion de ses molécules aggrégatives se
trouve être de couleur jaune qui est une
couleur vraie, et que l'autre portion est
de couleur bleue, couleur qui en est aussi
une véritable, si ces deux sortes de molécules sont bien mélangées, la couleur apparente du corps en question, sera verte ;
mais ce ne sera vraiment qu'une apparence.

616. Lorsqu'un peintre mêle sur sa pa-
lette du jaune et du bleu, le mélange se
trouve aussi-tôt de couleur verte : cependant je ne crois pas qu'aucun chymiste
puisse assurer que le jaune a dissous le bleu,
ni que le bleu a dissous le jaune ; il ne s'est
opéré aucune combinaison réelle, et le mê-
lange dont nous parlons est toujours formé

par des molécules jaunes et par des molécules bleues encore existantes. Enfin j'ose
avancer que ce même mélange ne réfléchit point de rayons verts, mais une multitude de rayons jaunes et de rayons bleus
mêlés ensemble, qui frappent à la fois notre
rétine, et sur laquelle ils font une impression composée qui nous donne l'idée du
vert.

617. Maintenant, pourquoi les couleurs
du prisme laissent-elles distinguer parmi
elles une couleur verte, s'il est vrai que
cette couleur ne soit qu'une apparence ?
Et d'un autre côté, pourquoi l'ordre des
couleurs du prisme se trouve-t-il n'être pas
le même que celui des couleurs qui se succèdent, lorsqu'un corps passe du blanc au
noir par tous les degrés d'altération de ses
principes qui mettent son feu fixé plus ou
moins à nud ? Je vais tâcher de répondre
à ces deux questions, et de ramener à leurs
véritables principes, les connoissances qui
s'y rapportent immédiatement.

*L'ordre des couleurs du prisme n'est point un ordre naturel des couleurs ; mais il est formé par deux parties renversées de cet ordre, réunies en sens contraire.*

618. L'ordre des couleurs du prisme n'est point un ordre naturel des couleurs, comme tous les physiciens l'ont pensé jusqu'à présent ; mais c'est un ordre brisé en deux parties, réunies de manière que le commencement et la fin du véritable ordre des couleurs, se trouvent dans le milieu de l'ordre du prisme, tandis que les deux extrémités de ce faux ordre présenté par le prisme, occupent réellement le milieu de l'ordre naturel des couleurs. Ainsi l'ordre indiqué par le prisme se trouve être :

*Ordre des couleurs du prisme.*

Rouge, orangé, jaune, [vert,] bleu, indigo, violet.

*Ordre véritable des couleurs.*

Blanc, jaune, orangé, rouge, violet, bleu, noir.

619. D'abord il est aisé de s'appercevoir que du rouge qui se trouve au com-

mencement de l'ordre du prisme, à l'o-
rangé, et ensuite de l'orangé au jaune, il
y a réellement décroissance de couleur;
ce que je crois prouver par les deux re-
marques suivantes. 1°. Parce qu'à mesure
que les composés s'altèrent dans leur combinaison, jamais on ne les voit passer immédiatement du blanc au rouge, du rouge
à l'orangé, et de l'orangé au jaune; mais
toujours, au contraire, du blanc au jaune,
du jaune à l'orangé, et de l'orangé au rouge. 2°. Parce que la couleur rouge est,
non la plus intense, mais la plus vive de
toutes les couleurs (1); et que tout corps qui
commence à se colorer, ne peut éprouver
dès le premier degré de son altération,
l'effet *maximum* des rayons colorans ré-

---

(1) Comme l'ordre de l'arrivée des rayons est
changé par tout corps qui ne rend pas les images
[ 331 ], changement qui occasionne une sorte de
confusion dans les files de particules de lumière réfléchies; on sent qu'il doit exister un terme de coloration où les rayons assez diminués en nombre pour
ne plus se nuire dans leur mouvement, ont alors plus
de force et produisent plus d'éclat. C'est, à ce qu'il
me semble, le cas de la couleur *rouge*.

fléchis. En effet, le jaune est une couleur foible qui répond au sombre du bleu pour la vivacité, l'orangé répond au violet, et le rouge est tout-à-fait unique pour la force de sa lumière.

620. On peut ensuite remarquer que du bleu à l'indigo et de l'indigo au violet, il y a encore une décroissance réelle de teinte colorante; car le bleu est la plus intense de toutes les couleurs après le noir, l'indigo après le bleu, et le violet après l'indigo; ce qui devroit être le contraire, si l'ordre des couleurs du prisme étoit le véritable ordre naturel des couleurs. Je ne fais point mention de la couleur indigo dans l'ordre naturel des couleurs, parce que ce n'est qu'un bleu qui a une légère teinte de violet, et par conséquent une simple nuance entre le violet et le bleu pur.

621. Maintenant, pour prouver que l'ordre du prisme est composé de deux parties renversées de l'ordre véritable des couleurs, je vais exposer cet ordre du prisme, sur une ligne continue ou circulaire; et je ferai voir qu'en changeant seulement le point où l'on établit le commencement de cet ordre, alors on retrouvera sans aucun déplacement de couleur, le véritable ordre,

tel que l'observation de l'altération des corps l'indique clairement, pourvu qu'on lise en sens contraire.

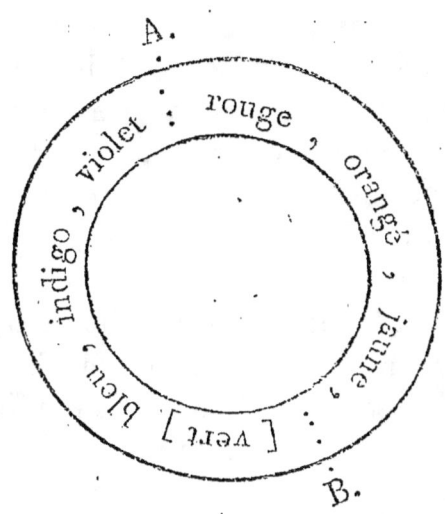

622. Si l'on commence à lire à la lettre A, en allant vers B, on aura l'ordre des couleurs du prisme ; savoir, rouge, orangé, jauné, [vert,] bleu, indigo, et violet : mais si l'on commence à lire à la lettre B, en remontant à contre-sens vers A, et s'arrêtant au vert, on aura l'ordre véritable et naturel des couleurs ; savoir, jaune, orangé, rouge, violet, indigo, et bleu.

623. Dans les couleurs du prisme on ne

rencontre pas de couleur *blanche*, parce que tous les rayons qui ont traversé le prisme, sont modifiés, et que la couleur blanche ne peut pas être produite par des rayons modifiés, mais seulement par des rayons complets qui se réfléchissent sans ordre. Il en est de même de la couleur *noire* que le prisme ne peut pas faire appercevoir, vu que cette couleur sur les corps est produite par un excès de coloraison qui anéantit les rayons qui la produisent; d'où résulte un défaut complet de réflexion sur ces corps, ce qui laisse sur leur surface une obscurité singulière qui nous les fait paroître noirs.

624. On voit maintenant que parmi les couleurs du prisme, on ne doit point y rencontrer le *blanc* ni le *noir* : mais par quelle cause y remarque-t-on le *vert?*

625. J'ai déjà dit que l'ordre des couleurs du prisme n'étoit que deux portions brisées et jointes en sens contraire, du véritable ordre des couleurs. Ainsi, dans l'ordre régulier des couleurs, le jaune doit être au commencement, et le bleu à la fin, comme dans cet exemple.

*Jaune, orangé, rouge, violet, indigo, bleu.*

626. Mais si l'on rompt cet ordre régulier, et que l'on rejoigne ensuite ses deux portions de manière que ses deux extrémités [le jaune et le bleu] soient proche l'une de l'autre, et se touchent par leurs bords; alors ces deux couleurs qui n'ont aucun rapport entre elles, confondent leurs rayons par leurs bords; et du mélange de ces deux sortes de rayons [les jaunes et les bleus], naît dans l'ordre du prisme une bande mixte, qui rend à nos yeux ce que nous nommons *couleur verte;* comme on peut l'appercevoir dans cet exemple.

### Ordre des couleurs du prisme.

| Première portion renversée de l'ordre des couleurs. | Deuxième portion renversée de l'ordre des couleurs. |

Rouge, orangé, jaune, [vert] bleu, indigo, violet,

### Ordre naturel des couleurs.

| Première portion. | Deuxième portion. |

Jaune, orangé, rouge,       violet, indigo, bleu.

627. Je suis donc fondé à dire que l'ordre du prisme est un ordre brisé dont les deux

deux portions sont réunies en sens contraire ; puisque dans l'ordre naturel des couleurs, le jaune ne peut se trouver à côté du bleu : outre cela, comme dans le véritable ordre des couleurs on ne trouve point le vert, et qu'il ne seroit même pas possible de le placer dans aucun des points de la gradation de cet ordre; tandis que d'un autre côté, il est connu que le mélange du jaune et du bleu produit une apparence que nous nommons *couleur verte;* je suis fondé par conséquent à prétendre que le vert n'est point une couleur réelle, mais seulement une apparence causée par le mélange de deux sortes de rayons qui se confondent et, qui produisent en nous la sensation qui nous donne l'idée de la couleur verte.

628. On se convaincra encore plus de l'existence de ces inversions de l'ordre naturel des couleurs, lorsqu'on examinera avec attention la situation des couleurs de l'arc-en-ciel.

629. Communément il se forme deux arcs séparés, mais concentriques, et dont le supérieur a ses couleurs dans un sens contraire à celles de l'inférieur. L'arc supérieur a son bord externe distingué par une bande verte,

*Tome II.*                    M

au-dessus de laquelle on remarque une bor-
dure bleue qui s'efface lorsque l'arc n'est
pas fortement exprimé, et un jaune décidé
au-dessous. Après le jaune on trouve l'orangé, et ensuite un rouge vif, qui est suivi du
violet et du bleu. L'arc inférieur, au contraire, a son bord externe distingué par un
beau bleu, au-dessous duquel on remarque le violet, le rouge, l'orangé, le jaune,
et enfin le vert; mais au-dessous de ce vert
on retrouve plus ou moins sensiblement,
selon la vivacité de l'arc, une bande bleue,
qui est l'extrémité d'une nouvelle série
de couleurs; série qui auroit encore
lieu si la cause qui produit cet arc, pouvoit
l'élargir davantage. Or, le vert qu'on remarque se trouve toujours entre deux extrémités de portions renversées de la série des
couleurs. En un mot, c'est toujours l'ados-
sement du jaune qui termine une portion
inverse de série, contre le bleu qui en recommence une autre, qui donne lieu, par
le mélange des deux sortes de rayons, à la
bande mixte qui forme l'apparence *verte*.

## RÉSUMÉ DE CET ARTICLE.

630. Il suit, ce me semble, de tout ce
que je viens d'exposer; premièrement, que

ce sont les divers degrés de *découvrement* du feu fixé des corps, qui causent les diverses sortes de couleurs qui les distinguent ; de sorte que depuis le corps dont le feu fixé est masqué le plus complètement, ce qui le rend propre à réfléchir sans altération toute la lumière qu'il reçoit, jusqu'au corps dont le feu fixé est le plus à nud possible, ce qui lui donne la faculté d'absorber la lumière ou d'éteindre son mouvement, on trouve dans la nature des exemples de tous les degrés intermédiaires de *découvrement* du feu fixé des corps; degrés qui donnent lieu à une série graduée de couleurs, telle que la suivante :

Blanc, jaune, orangé, rouge, violet, bleu et noir.

631. Secondement, que dans cette série on ne doit point admettre le *vert*, parce que ce n'est point une couleur identique, mais seulement une apparence causée par le mélange de deux sortes de rayons qui, par la nature de l'impression qu'ils font sur notre rétine, nous donnent l'idée du *vert*.

632. Troisièmement enfin, que l'ordre des couleurs présentées par le prisme, n'est point un ordre naturel des couleurs, mais deux parties de cet ordre, séparées et re-

M 2

jointes en sens contraire ; de manière que
les deux extrémités de ce véritable ordre
se trouvent jointes et forment le milieu du
faux ordre indiqué par le prisme.

### REMARQUE.

633. On me demandera sans doute comment j'entends que la lumière qui tombe
sur un corps dont le feu fixé est à demi à
découvert, en peut être réfléchie dans un
état de modification propre à nous donner
l'idée du rouge ; et qu'est-ce en un mot
que j'entends par cet état de modification.

634. J'aurois voulu éluder cette question,
parce que je crois que c'est abuser de notre raison que de vouloir l'étendre à des objets qui, comme ceux dont il s'agit, nous
échappent par leur petitesse et sont hors
de notre portée ; mais il me suffit de parvenir à faire voir que la lumière peut éprouver une modification réelle en tombant sur
certains corps, ou en traversant des corps
de certaines formes, sans que son hétérogénéité prétendue en soit une conséquence
nécessaire.

635. En effet, la modification dont je parle
peut consister non dans une décomposition
de la substance de la lumière, ni dans des

changemens dans sa vîtesse, mais dans des différences survenues soit dans l'arrangement ou la disposition de ses particules, soit dans l'égalité de mouvement dans les rayons qui composent un faisceau de lumière.

636. Qu'est-ce, par exemple, qu'un rayon lumineux? n'est-ce pas une file de particules de lumière, qui ont un mouvement et une direction semblables, et qui sont situées à la suite les unes des autres?

Or, supposons que des rayons dans l'état où les corps lumineux les envoient, soient tels, que les particules de lumière qui les composent, soient chacune à la distance d'une demi-ligne les unes des autres; ces particules ayant toutes un mouvement égal, conserveront leur distance entre elles, même dans la diminution de leur mouvement; et lorsqu'elles seront réfléchies uniformément, c'est-à-dire, lorsqu'elles seront réfléchies par des corps qui n'altéreront ni l'égalité des files qui forment des faisceaux lumineux, ni la distance entre elles, des particules de chacune de ces files, alors ces rayons non modifiés ne produiront dans nos yeux aucune sensation de couleur.

638. Mais si de semblables rayons, après

M 3

avoir traversé un corps diaphane de forme
angulaire, ou après avoir choqué un corps
dans un certain état, se trouvent avoir leurs
files, ou les particules de leurs files, dans
une disposition différente de celle qui leur
est naturellement donnée par les corps lumineux; il est clair qu'ils feront alors sur
l'organe de notre vue, une impression particulière qui sera relative à leur nouvelle modification; une impression par conséquent
qui nous donnera l'idée de telle ou telle couleur.

639. Ainsi la modification dont j'entends
parler, pourra donc consister, soit dans une
inégalité de mouvement des files qui forment
un faisceau lumineux, soit dans un changement dans la situation ou dans les inter-
valles des particules de lumière qui composent ces files (1); et nullement dans la substance même de la matière lumineuse.

---

(1) Je prévois déjà plusieurs cas, où la lumière peut
éprouver des modifications différentes dans ses rayons
réfléchis, et présenter à notre vue diverses sortes d'ap-
parences qui produiront en nous les idées des diverses
colorations des corps.

Dans le premier cas, les files des particules de lumière
réfléchies par certains corps, peuvent avoir acquis une
divergence entre elles, très-disproportionnée à celles

640. Je ne veux pas étendre davantage ces considérations, parce que je ne sais pas au vrai ce qui en est; mais je ne vois pas la nécessité absolue de regarder la lumière comme une substance composée ou hétérogène : et j'avoue que c'est de toutes les suppositions que l'on peut former, celle qui me paroît la moins vraisemblable.

---

qu'elles avoient lorsqu'elles sont venues des corps lumineux; et cette divergence peut être régulière ou irrégulière.

Dans le second cas, les faisceaux de files qui composent ce qu'on appelle *un rayon*, peuvent avoir perdu un certain nombre de leurs files, lorsqu'ils sont réfléchis, les files anéanties ayant pu être absorbées ou avoir perdu leur mouvement par un effet propre au corps qu'elles ont frappé; dans ce cas, le rayon réfléchi se trouvant composé d'un plus petit nombre de files, doit présenter une coloration différente en frappant notre vue.

Dans le troisième cas, les files des rayons lumineux peuvent, lorsqu'elles sont réfléchies par certains corps, avoir perdu d'une manière disproportionnée le mouvement qu'elles avoient, ou l'égalité de leur mouvement.

Dans le quatrième cas, lorsque des rayons sont réfléchis par certains corps, les particules de lumière qui composent chaque file, peuvent avoir perdu la distance qu'elles conservoient auparavant entre elles, &c. &c.

M 4

# QUATRIÈME PARTIE.

*RECHERCHES sur les êtres organiques, et particulièrement sur la cause physique de l'entretien de leur principe vital; sur celle de leur accroissement, de leur dépérissement et de leur mort inévitable; sur ce qui constitue l'état de santé dans l'homme ou les animaux, sur la couleur de son sang, et sur sa chaleur naturelle.*

## DISCOURS PRÉLIMINAIRE.

LES points de vue que nous nous proposons d'examiner dans cette quatrième partie de nos recherches, ne sont certainement pas les moins importans de ceux que nous avons osé traiter dans cet ouvrage; et nous présumons qu'ils peuvent mériter de fixer sérieusement l'attention de tous ceux qui s'intéressent aux progrès des connoissances humaines.

D'abord nous croyons qu'il n'est pas possible qu'une cause physique quelle qu'elle soit, ait jamais pu donner lieu à l'existence des êtres organiques ; et en un mot, nous pensons que les diverses sortes de matières qui existent, n'ont pu dans telles circonstances qu'on pourroit imaginer, produire un seul composé vraiment doué de la vie. Ainsi, ce qui constitue l'essence de la vie d'un être organique, est vraisemblablement un principe à jamais inconcevable à l'homme, ou au moins un principe dont la connoissance paroît devoir aussi bien échapper à ses recherches physiques, que celle de la cause de l'existence de la matière, et l'activité générale répandue dans la nature. [Voyez *la note du paragr. 414*].

Il n'en est pas de même, à ce qu'il nous semble, de la cause physique qui entretient la vie des êtres organiques, de celle qui donne lieu à leur développement, et enfin de celle qui produit leur mort inévitable : les facultés de l'homme, son génie, et les connoissances dont il est vraiment susceptible, lui permettent sans doute de porter jusques là ses recherches, et de faire d'utiles tentatives pour pénétrer ces secrets importans.

Or, pour tâcher de concourir à d'aussi précieuses découvertes, nous allons examiner avec tout le soin dont nous sommes capables, le fondement de l'opinion qu'il nous a paru raisonnable d'admettre sur la nature des causes dont nous venons de faire mention.

La première considération qui se présente d'abord à nous dans ces importantes recherches, est sans contredit la suivante, que nous croyons être parfaitement fondé à établir.

S'il est vrai, comme nous venons de le dire, que le principe inconcevable qui fait l'essence de la vie, soit assez peu dépendant de la nature, pour que la matière aidée du concours de toutes les circonstances possibles, n'ait jamais pu le produire; il n'est pas moins vrai en même tems que l'étonnant principe dont il s'agit, ne peut absolument pas exister physiquement sans la matière.

En effet, ce principe incompréhensible réside essentiellement dans un mouvement particulier des organes des êtres qui en sont munis; mouvement qui se transmet et se perpétue par les générations, mais qui ne peut subsister dans chaque individu, que dans certaines circonstances et pendant un tems nécessairement limité.

Essayons donc, dans le premier article, de faire voir comment les circonstances que nous venons de citer peuvent avoir lieu, et par quelle cause physique elles ne peuvent durer continuellement; ou autrement, tâchons de rendre raison pourquoi les êtres organiques ont un accroissement remarquable pendant la première période de leur vie; pourquoi ensuite cet accroissement vient à cesser au bout d'un certain tems, époque de la plus grande vigueur des êtres qui y sont parvenus; enfin pourquoi à cette belle époque succède une période de dépérissement, immanquablement terminée par la mort.

Dans le second article nous examinerons certaines conséquences qui résultent des principes établis dans le premier, et par leur moyen nous ferons ensorte d'expliquer quelques faits particuliers qui se trouvent être l'objet de nos recherches, et que l'homme a le plus grand intérêt de connoître. Ainsi nous établirons d'abord ce qui constitue essentiellement l'état de santé dans l'homme, et par une conséquence simple, son état de maladie. Ensuite nous tâcherons de déterminer la cause de la couleur du sang, et nous finirons par indiquer celle de la chaleur animale.

## ARTICLE PREMIER.

*De la cause physique qui entretient la vie des êtres organiques, qui produit leur accroissement, et qui ensuite les conduit nécessairement à la mort.*

641. On sait que ce qui fait l'essence d'un être organique, est constitué par l'existence dans cet être, d'un principe ou mouvement vital qui lui donne la faculté de se développer, de s'accroître jusqu'à un certain point, et enfin de reproduire son semblable par le moyen des organes propres à ces fonctions.

642. Mais comme le corps et les organes de l'être dont il s'agit, sont nécessairement matériels, il est clair que leur développement ou accroissement ne peut s'opérer que par l'assimilation d'une quantité proportionnée de matière étrangère changée en leur propre substance.

643. L'observation ensuite nous apprend que ce qui constitue le corps d'un être or-

ganique vivant, est nécessairement une
substance composée, et communément ou
même peut-être essentiellement un tout
hétérogène, c'est-à-dire, un tout composé
de diverses sortes de parties, les unes plus
ou moins solides et les autres fluides.

644. Enfin les fonctions des organes d'un
être vivant sont, de toute nécessité, le résultat d'un mouvement particulier dans ces
organes; mouvement dont la cause première
est dans la vie de l'être qui en est doué;
mouvement en un mot, qui, selon la nature des différens êtres qui existent, est
plus ou moins considérable, peut même
être jusqu'à un certain point comme suspendu (1); mais sans lequel aucune fonction

(1) L'engourdissement que produit le froid sur certains animaux, tels que le loir, la marmotte, la taupe,
les abeilles, les fourmis, &c. est un état particulier de
leur corps dans lequel les principaux mouvemens organiques sont suspendus. Leurs humeurs néanmoins,
saisies par le froid, sans cependant se coaguler, ne subissent aucun changement dans leur nature, et n'éprouvent aucune altération, ce qui est cause que la substance de ces êtres vivans ne fait aucune déperdition et
n'a besoin d'aucune réparation pressante. Mais cette
suspension des mouvemens vitaux est très-différente
de leur anéantissement. Le principe vital existe toujours

organique ne peut s'opérer, et l'action vitale devient tout-à-fait nulle.

645. Comme l'essence d'un être vivant n'est point constituée par le nombre des organes, ni par la possession unique de tel ou tel organe particulier, mais vraiment par la jouissance d'un principe ou mouvement vital qui ne nécessite que les organes essentiels à son existence; il s'ensuit que tous les êtres organiques qui sont dans la nature, peuvent n'être pas tous constitués de la même manière, et qu'ils peuvent différer entre eux et par le nombre et par la perfection de leurs organes, et conséquemment par des facultés individuelles particulières à chaque espèce, ce qui a lieu en effet.

646. Or, pour suivre avec plus de facilité l'objet que nous nous proposons ici, considérons parmi les êtres vivans ceux qui ont le plus d'organes, et parmi eux, ceux dont tous les organes sont à la fois les plus parfaits. L'homme, par exemple, est un être distingué de tous les autres, et sur lesquels il a une prééminence absolue, par

en eux; et il est vraisemblable que toute espèce de mouvement qui en résulte, n'a point entièrement cessé.

la raison dont il est doué; mais comme il tient aux autres êtres organiques par tout ce qu'il a de physique, et que la cause qui entretient sa vie, est la même que celle qui fait vivre tous les animaux, et même tous les autres êtres organiques, choisissons-le pour sujet dans les recherches dont nous nous occupons.

647. L'homme ainsi que tous les autres êtres vivans, est produit immédiatement par son semblable; dès le premier instant de son existence, les organes dont il est muni, commencent à développer son corps qui continue de s'accroître pendant un certain tems, se conserve ensuite dans sa plus grande vigueur pendant un tems limité; bientôt après dépérit insensiblement, et à la fin subit une mort inévitable.

648. Tel est aussi le sort de tout être vivant, quel qu'il soit : or, voyons quelle peut être la cause de ce cercle constant d'accroissement, de dépérissement et de destruction; et pourquoi la vie d'un être organique ne peut pas toujours subsister.

649. La vie, ce principe inconcevable, n'existe que par les fonctions des organes essentiels à sa conservation; et on peut dire qu'il y a une identité si grande entre

ce qu'on entend par *principe ou mouve-ment vital* et par *fonction organique*, que l'existence de l'un suppose toujours celle de l'autre, et que la nullité de l'un cons-titue essentiellement l'exclusion de l'autre par la même raison.

650. Maintenant j'ajoute qu'une fonction organique consiste essentiellement dans un mouvement particulier aux êtres doués de la vie ; mouvement qui s'opère entre les parties ou entre certaines parties de la substance propre de ces êtres; et qu'alors cette substance composée par sa nature, agit nécessairement sur une autre substance qu'elle altère, change ou modifie.

651. Ce que je viens d'avancer n'est point du tont imaginaire ; car point de fonction organique dans un corps dont toutes les parties seroient dans un état de repos; et ensuite il est évident que le mouvement organique est particulier aux êtres qui jouis-sent de la vie, puisqu'il existe sans avoir été communiqué par une force de masse, puisqu'il subsiste sans se répandre et s'affoi-blir proportionnellement dans toutes les parties de la masse du corps qui le con-tient, et enfin puisqu'il n'est point l'effet d'une extension entre des parties qui se
remettent

remettent dans leur état naturel, comme le mouvement que produit la fermentation, c'est-à-dire, la décomposition naturelle des corps.

652. Si nous continuons de suivre ce point de vue, nous verrons sans doute avec intérêt qu'il peut nous conduire à des résultats satisfaisans, et que dans une matière aussi obscure que cependant importante, il est peut-être le seul qui puisse nous faire acquérir des idées claires et de véritables connoissances.

653. En effet, qu'est-ce qu'un être organique qui se développe et s'accroît? n'est-ce pas un être qui, par le moyen de ses organes et de leur mouvement particulier, assimile de la matière à sa propre substance? Or, il est manifeste que par l'effet de cette assimilation, le corps de cet être vivant peut vraiment augmenter dans ses dimensions et dans sa masse; il est vrai qu'il existe continuellement une cause qui diminue sans cesse l'effet de cette même assimilation, et qui réussit à la fin à l'anéantir totalement. Mais comme l'influence de cette cause n'est pas toujours la même, nous verrons bientôt qu'il existe un tems dans le cours de la vie des êtres organiques,

*Tome II.*                                    N

pendant lequel cette cause destructrice se trouve assez inférieure à la force d'assimilation, pour permettre l'accroissement des êtres dont il s'agit.

654. Nous avons déjà fait voir [422 &c.] que tout composé, quel qu'il soit, tend naturellement à se détruire, parce que tous les principes qui le constituent, n'y sont pas dans leur état naturel ; ce qui fait qu'ils tendent nécessairement par leur propre essence, à se dégager, afin de perdre l'état de modification dans lequel ils se trouvent. Et dans l'instant nous venons de remarquer que la substance d'un être organique quelconque est essentiellement une matière composée, et par conséquent une matière dont tous les élémens constitutifs ne sont pas dans leur état naturel. Or, il suit clairement de ces deux considérations, que la substance de tout être organique a une tendance continuelle à se détruire ; tendance à la vérité plus ou moins fortement effective, selon la nature de chaque être, et selon les diverses époques de sa vie, mais sans cesse existante.

655. A présent il est facile de sentir que si à cette tendance à la destruction, qui existe dans le corps d'un être organique, on

joint dans ce même être une force particulière qui ait la faculté de contrebalancer
au moins l'effet de cette tendance ; l'être
vivant muni de cette force singulière ré-
sistera à sa destruction , et n'en subira
l'effet réel, que lorsque la force dont il s'a-
git, cessera de subsister ou sera devenue
insuffisante.

656. Or, la force dont je veux parler,
n'est point du tout une supposition gra-
tuite ; c'est le principe même de la vie,
principe qui réside dans les fonctions des
organes de l'être qui en est doué ; principe
en un mot qui constitue le mouvement et
l'action organique, d'où naît l'assimilation
presque continuelle de la matière en la propre substance de l'être vivant qui se l'approprie.

657. La force ou l'action vitale dont je
viens de faire mention, n'a point la faculté
de suspendre la tendance à la décomposition d'un corps organique, ni même d'en
empêcher l'effet : au contraire, plus cette
force vitale est active, plus la tendance à
la décomposition du corps vivant en qui
elle réside, est capable de s'effectuer. Je
puis prouver ce que j'avance par le fait
même : les êtres organiques de tous les

rangs attestent en faveur de mon assertion, et font voir que plus l'action organique est considérable, plus aussi la tendance
à la décomposition réussit à s'effectuer. Ce
principe se trouve vrai non-seulement dans
les animaux comparés entre eux, et dans
les plantes mises en comparaison les unes
avec les autres, mais encore dans ces deux
grandes divisions des êtres organiques, soumises entre elles à la même comparaison.

658. Cependant, si dans les animaux et
par-dessus tout dans l'homme, la force vitale étant à son plus haut degré d'activité,
entraîne alors une tendance plus effective
à la décomposition; cette même force vitale a aussi en elle-même la faculté de réparer le désordre qu'elle occasionne, lorsqu'elle agit librement et sans obstacles;
parce qu'alors elle produit une assimilation
qui surpasse nécessairement la somme des
pertes; ce que nous allons tâcher de prouver.

### De l'accroissement de l'homme pendant un certain tems : première période de sa vie.

659. C'est ici, ce me semble, le point
essentiel: ici je voudrois pouvoir captiver
l'attention de tous les hommes capables de

méditer; parce que c'est dans la considération du principe suivant qu'on peut, je
crois, espérer d'obtenir le développement
des connoissances relatives aux faits organiques ; connoissances qu'il nous importe
tant d'acquérir.

660. Il paroît certain que les organes de
l'homme font d'autant plus aisément leurs
fonctions vitales et autres, que les fibres
qui composent ces mêmes organes sont plus
souples, plus flexibles, et résistent moins
au mouvement organique, en qui réside
toute la force de la vie. Cela doit être ainsi,
puisqu'aucune fonction organique ne peut
avoir lieu dans des organes dont toutes les
parties seroient dans un état de repos parfait ; et puisque la fibre la plus propre au
mouvement, est la plus souple, la plus flexi-
ble, la plus élastique, et en un mot celle
qui contient le moins de principes fixes ou
qui est la moins terreuse.

661. Dans l'enfance, l'homme a ses fibres
souples, molles et composées de principes
élastiques en abondance, et de la moindre
quantité possible d'élémens fixes ou terreux : or, ce seroit donc à cet âge que les
organes essentiels à la vie feroient le plus
aisément leurs fonctions ? Et comme les

N 3

fonctions vitales les plus promptes et les plus accomplies produisent l'assimilation la plus grande des substances étrangères en la propre substance de l'individu vivant qui est dans ce cas, il s'ensuit par conséquent que c'est dans l'enfance, relativement aux dimensions du corps, que s'opère l'assimilation la plus considérable.

662. Cette conséquence est exacte dans toute son étendue; et comme nous l'allons voir, l'assimilation dans l'enfance est si facile et en même tems si grande, que non-seulement elle suffit pour réparer les grandes pertes que l'action organique occasionne d'ailleurs, mais même qu'alors cette assimilation produit un excédent considérable de substance acquise, qui donne lieu à un accroissement alors très-prompt.

663. Voyons ce que l'observation nous apprend à cet égard. Le corps de l'homme dans l'enfance fait ses fonctions vitales avec une vîtesse plus grande que dans aucun autre tems de sa vie. Son sang circule avec célérité dans les vaisseaux qui le contiennent; son pouls bat promptement, parce que la sistole et la diastole s'exécutent avec une grande liberté et avec vîtesse; la sanguification s'opère en peu de tems, et tou-

tes les secrétions se font sans lenteur. En
même tems on peut dire que les pertes que
cet être vivant fait à cet âge, sont très-
considérables : aussi la chaleur qui se développe sans cesse par l'effet de l'altération et de la prompte décomposition d'une
partie de ses fluides et de sa substance,
est-elle fort grande : aussi, en un mot, ses
besoins de réparations sont-ils urgens et à
chaque instant renouvellés.

664. Mais l'action vitale à cet âge, fait
plus que réparer les désordres qu'elle occasionne : l'homme dans l'enfance mange
beaucoup, relativement à la grandeur de son
corps; il digère promptement et répare ses
pertes avec vîtesse : le besoin de prendre
des nourritures renaît à chaque moment;
il s'en repaît sans cesse, et trouve toujours
en lui des facultés digestives prêtes à le
servir. En un mot, c'est dans l'enfance que
l'homme peut rester le moins de tems à
jeun (1); c'est à cet âge que la tendance

_____

(1) Rien d'aussi pernicieux que la méthode de vouloir assujettir les enfans, comme les hommes faits, à
un petit nombre de repas, dans lesquels encore on ne
leur donne des alimens que comme à regret, sous le
prétexte de ménager leur estomac. J'ai eu occasion

N 4

à la décomposition de sa substance et sur-
tout de ses humeurs, est la plus effective;
mais en revanche, c'est à cet âge que l'action organique produit l'assimilation la plus
grande des matières étrangères en la propre
substance de cet être vivant.

665. Il s'agit à présent de faire une remarque essentielle, et d'exposer d'après elle
la véritable cause de l'assimilation surabondante aux pertes pendant un certain
tems, et par-là de rendre raison de l'accroissement de l'homme pendant la première
période de sa vie.

666. Cette remarque consiste en ce que

---

d'observer les mauvais effets de cette méthode, dans
un enfant qu'on aimoit beaucoup, mais que par un soin
très-mal entendu, on avoit rendu foible, délicat et très
en retard pour son âge. J'ai vu aussi dans une autre
occasion le bon effet d'une méthode contraire, et dans
laquelle le seul soin des parens consistoit à ne donner
à leur enfant, aucun aliment de mauvaise qualité; mais
cet enfant mangeoit autant et aussi souvent qu'il vouloit, et se jouoit avec la même liberté. Il devint fort,
vigoureux, et devança en tout les autres enfans de son
âge. Je me rappelle que le premier étoit gourmand et
avoit souvent des indigestions; qualités que n'avoit
nullement le second, qui jouissoit d'une santé parfaite.

plus les fibres du corps sont souples, molles
et flexibles, plus non-seulement le mouvement organique s'exécute avec aisance, mais
aussi *plus l'assimilation que produit ce mouvement vital, est facile et s'opère en abondance par la même cause.*

667. Ce principe est susceptible de toutes sortes de preuves : en effet, les fibres
ne sont les plus molles et les plus souples
possibles, que lorsqu'elles sont constituées
par la moindre quantité de principes fixes
ou terreux, et qu'elles abondent en élémens élastiques : de pareilles fibres sont
donc celles qui sont les plus susceptibles
d'extension ; ce sont elles par conséquent
qui permettent la plus grande assimilation
possible.

668. Je crois qu'on peut maintenant concevoir la cause physique de l'accroissement
du corps de l'homme dans l'enfance et dans
la jeunesse : à ces âges, malgré l'effectuation considérable de la tendance à la décomposition des humeurs et des principes
les moins fixes qui entrent dans la combinaison des solides du corps, l'action organique est si grande, qu'elle produit alors
avec vîtesse une assimilation considérable
de substance étrangère en la substance

même de l'individu vivant ; assimilation qui
est telle alors, que non-seulement elle répare les pertes occasionnées par la tendance
à la décomposition, mais même qui, par un
excédent de matière assimilée, relativement à la quantité de substance détruite,
augmente les dimensions et la masse du
corps vivant qui est dans ce cas.

669. Il est donc possible d'appercevoir
la cause physique de l'accroissement du
corps, s'il est vrai que dans l'enfance et la
jeunesse de l'homme, l'action organique
soit si grande, et l'assimilation qui en résulte, si facile et si considérable, que la
substance assimilée surpasse toujours alors
la somme des pertes. Voyons maintenant
pourquoi l'assimilation dont il s'agit, ne
peut pas toujours excéder la quantité de
substance que la tendance à la décomposition détruit, et pourquoi l'accroissement
des êtres organiques est soumis à des bornes.

*L'assimilation fournit plus de principes*
   *fixes, que la cause des pertes n'en en-*
   *lève ou n'en fait dissiper.*

670. Ce principe très-fondé et important
à connoître, va maintenant achever de nous

découvrir le fil régulier qui forme le cercle constant d'accroissement, d'état de vigueur, de dépérissement et enfin de destruction de tous les êtres organiques; il va
sur-tout nous faire sentir pourquoi l'accroissement des êtres doués de la vie, cesse
au bout d'un certain tems, et pourquoi le
dépérissement et la mort terminent nécessairement leur carrière.

671. Nous avons déjà dit que tout composé, sans exception, avoit une tendance
réelle à se détruire; tendance plus ou moins
effective, selon la nature de chaque composé. Ensuite nous avons fait voir que l'effectuation de cette tendance à la décomposition étoit d'autant plus grande dans les
êtres organiques, que l'action vitale dans
chacun de ces êtres étoit plus considérable; et que par conséquent tous les êtres
vivans étoient nécessairement assujettis à
une perte continuelle de substance par
l'effet de cette tendance à la décomposition. Maintenant nous rappellons ce que
nous avons déjà dit dans nos principes,
que toutes les fois qu'un composé s'altère
ou se détruit, ceux des élémens constitutifs
de ce composé qui se dégagent et s'échappent les premiers, sont toujours *les princi-*

*pes élastiques* [309 et 435]. Cela est ainsi, parce que ces principes étant fort éloignés de leur état naturel par l'effet de leur combinaison, doivent avoir une tendance réelle à s'y rétablir, ce que l'observation confirme en effet.

672. Or, si l'on y veut faire attention, on pourra s'appercevoir que cette loi nécessaire de la décomposition naturelle des corps, nous donne la véritable raison pourquoi les êtres organiques ne croissent pas continuellement et sont à la fin assujettis à la mort.

673. En effet, dans l'enfance, les fibres souples et flexibles du corps humain, permettent, comme nous l'avons remarqué, une action organique très-grande, qui donne lieu proportionnellement à une assimilation de nouvelle substance; assimilation telle, que la quantité de matière assimilée surpasse celle de la substance détruite par les pertes, ce qui produit l'accroissement: mais comme par ces mêmes pertes la somme des principes fixes ou terreux qui s'évacuent, est toujours moins considérable que la quantité de principe terreux que l'action vitale a la faculté d'assimiler; il est clair qu'avec le tems les fibres du corps devien-

nent de plus en plus solides, roides et moins
élastiques; puisque dans leurs pertes ce sont
les principes élastiques et les moins fixes
qui se dégagent en plus grande abondance, et que dans leurs réparations la somme
de principes fixes qu'ils acquièrent, excède
toujours un peu la quantité de ces mêmes
principes qui est entraînée par les pertes.

*De la cessation de l'accroissement de l'hom-*
*me; époque où commence la seconde pé-*
*riode de sa vie; tems de sa plus grande*
*vigueur.*

674. Plus il y a de tems que l'homme,
ou tout autre être vivant, existe, plus, par
les raisons que nous venons d'exposer, les
fibres de son corps ont de solidité, de rigidité et de consistance; mais plus les fibres
ont de consistance et de roideur, moins le
mouvement vital a d'activité; car la force
de ce mouvement s'affoiblit nécessairement
en raison de la résistance des fibres organiques qui y sont assujetties : l'action organique diminue donc par l'effet de la durée de la vie. Or, comme la force d'assimilation diminue aussi toujours dans les
mêmes proportions que l'action organique,

il est clair qu'il vient un tems dans la vie
de l'homme et de tous les autres êtres, où
la quantité de matière assimilée en la substance propre de l'être vivant qui y est parvenu, ne surpasse plus celle de ses pertes.
L'accroissement cesse donc de toute nécessité à cette époque.

675. La force de l'homme ou de tout
autre être animé, ne consiste point du tout
dans l'activité du mouvement organique ;
mais elle réside réellement dans la force
de la contraction musculaire : nous allons
tâcher d'en donner des preuves. Il est en
effet facile de démontrer que c'est dans
l'enfance que l'action organique est la plus
grande possible ; car à cet âge, comme
nous l'avons dit, toutes les fonctions organiques vitales se font avec une aisance et
par conséquent une célérité qui étonne :
mais on en conçoit assez la cause, lorsqu'on fait attention qu'à l'âge dont il s'a-
git, les fibres très-souples et sans roideur
sont alors dans l'état le plus convenable au
mouvement organique , puisqu'elles n'opposent à ce mouvement, que la moindre
résistance possible. Or, ces fibres alors souples et foibles par leur peu de consistance
ou de ténacité, sont dans l'état le moins

favorable à la contraction, sur-tout lorsqu'elles ont à vaincre une certaine résistance, comme toutes celles qui composent
les muscles : d'ailleurs, leurs points d'appui
trop foibles encore ne favorisent point suffisamment l'effet de cette contraction, dans
lequel réside la force de tout animal. Aussi
quoique l'homme dans l'enfance digère facilement et fort vîte, quoique son chyle
soit changé en un sang parfait en peu de
tems, et enfin, quoique les réparations à
ses pertes et toutes les secrétions essentielles à l'entretien de sa vie, se fassent en
lui avec beaucoup de promptitude, l'homme dans l'enfance n'est encore qu'un être
foible et sans vigueur, parce que ses fibres
musculaires alors très-souples, peuvent à la
vérité exécuter des mouvemens doux et
même prompts, mais ont trop peu de consistance et de roideur pour produire des
mouvemens capables de vaincre certaines
résistances.

676. Il résulte évidemment de ces considérations, que l'époque à laquelle l'accroissement cesse d'avoir lieu dans l'homme ou dans tout autre être vivant, est aussi
l'époque de sa plus grande vigueur possible; parce que jusqu'alors ses pertes n'ayant

point encore surpassé ses réparations, ses forces n'ont pas pu diminuer. Or, comme ses fibres musculaires sont alors dans un état moyen entre la plus grande mollesse ou souplesse qu'elles ont dans l'enfance, et la grande rigidité et inflexibilité qu'elles acquièrent dans la vieillesse; elles sont encore, à l'époque dont il est question, assez flexibles pour se plier au mouvement, et ont en même tems assez de roideur pour vaincre des résistances remarquables. Telles sont les deux conditions essentielles qui constituent la vigueur de l'homme.

### Du dépérissement et de la mort de l'homme; troisième et dernière période de sa vie.

677. Nous n'avons aucune considération nouvelle à exposer ici pour établir la cause physique du dépérissement de l'homme pendant sa vieillesse, de la diminution de sa vigueur dans cette dernière période de sa vie, et enfin de sa mort inévitable. Cette cause résulte manifestement des mêmes principes que nous venons d'établir, et par lesquels nous avons rendu raison de la cessation de son accroissement.

678. En effet, s'il est vrai que plus il y a de

de tems qu'un être vivant existe, plus les
fibres de son corps ont acquis de consistance et de rigidité ; ensuite, s'il est vrai
que plus les fibres ont de consistance et de
roideur, moins le mouvement organique a
d'activité ; enfin, s'il est encore vrai que
moins l'action organique a de force, plus
la faculté d'assimilation diminue ; il est clair
que non-seulement par l'effet de la durée
de la vie, il vient un tems où l'accroissement doit tout-à-fait cesser, puisqu'à une
certaine époque, la quantité de matière assimilée à la substance du corps, ne surpasse plus celle de ses pertes, mais même
que par une pareille cause continuée, il
doit ensuite venir un tems où la force d'assimilation soit tellement affoiblie, que la
réparation qu'elle produit alors soit réellement inférieure à la somme des pertes : on
sent assez que c'est à cette époque que
l'homme commence à dépérir, et que sa
vieillesse amène la dernière période de sa
vie.

679. Si la tendance à la décomposition
du corps de l'homme s'effectuoit toujours
dans des proportions égales pendant tout
le cours de sa vie, il en résulteroit que
comme l'action organique va toujours en

*Tome II.* O

décroissant depuis l'instant de sa naissance
jusqu'au moment de sa mort, le terme
moyen de la vie de l'homme seroit fixé à
l'époque de sa plus grande vigueur; c'est-
à-dire, que l'intervalle de tems compris
depuis sa naissance jusqu'à la cessation de
son accroissement, seroit aussi long que
celui qui se trouve compris depuis la cessation de son accroissement jusqu'à l'instant de sa mort. Cela arriveroit ainsi, parce
que les pertes emportant toujours moins de
principes fixes, que l'assimilation en fournit, la rigidité des fibres croîtroit régulié-
rement; et par conséquent l'époque de la
plus grande vigueur du corps étant exactement fixée au terme moyen entre la plus
grande souplesse des fibres musculaires et
leur plus grande rigidité, se trouveroit pla-
cée juste au milieu du cours de la vie.

680. Mais cela n'est point ainsi : la régu-
larité dans l'effectuation de la tendance à
la décomposition, n'a point lieu, comme je
vais le faire voir; et l'homme vit un peu
plus de tems, depuis l'époque de sa plus
grande vigueur jusqu'à sa mort, que depuis
sa naissance jusqu'au tems de sa plus grande
force, les choses étant considérées dans leur
ordre naturel et les accidens nuls.

681. En effet, je crois avoir prouvé par la citation des pertes de substance que l'homme fait dans sa plus grande jeunesse, que plus le mouvement organique a d'activité, plus la tendance à la décomposition s'effectue avec aisance. La raison en est simple et facile à concevoir ; car la souplesse des fibres qui favorise le mouvement organique en lui opposant peu de résistance, est due elle-même à une foible intimité de combinaison dans les élémens constitutifs de la substance de ces fibres ; substance qui alors contient beaucoup moins de principes fixes, que de principes élastiques, faciles à se dégager. La tendance à la décomposition doit donc être plus effective dans ces fibres molles et souples, que dans des fibres qui seroient plus tenaces, plus dures et plus roides ; donc enfin, plus l'action organique diminuera à cause de l'augmentation de la roideur des fibres, moins la tendance à la décomposition pourra promptement s'effectuer.

682. Aussi dans la vieillesse de l'homme, les pertes de substance par l'effet de la tendance que je viens de citer, sont-elles bien moins considérables que dans son enfance; et aussi ses besoins se renouvellent-ils moins

O 2

souvent. On sait que l'enfant n'est point encore satisfait en faisant quatre repas dans le cours de vingt-quatre heures, tandis qu'un seul repas peut suffire au vieillard. Ce dernier, en un mot, pourroit au besoin supporter, sans périr, un jeûne trois fois au moins plus long que celui qu'un enfant pourroit soutenir.

683. Enfin, la vie de l'homme dans sa vieillesse seroit prolongée fort loin à cause de la diminution graduée dans la somme de ses pertes de substances; mais malheureusement pour sa vie, le mouvement organique diminuant en raison de la rigidité alors trop promptement croissante de ses fibres, l'assimilation qui se fait encore ne peut plus remplacer que des molécules aggrégatives très-fixes, dans lesquelles le principe terreux abonde fortement; ce qui aggrave de plus en plus le mal.

684. Le mouvement musculaire que l'on sait être si propre à favoriser l'action organique, étant alors employé à propos et comme il convient, prolonge encore un peu la vie languissante du vieillard décrépit; mais à la fin arrive le terme inévitable où la rigidité de ses fibres oppose une si grande résistance au mouvement organique, qu'à

la première petite difficulté que les circonstances de la vie amènent immanquablement, quelqu'organe se trouve alors incapable de faire sa fonction, que cette légère difficulté a rendue plus pénible ; cette
fonction interrompue cause bientôt dans
les autres organes un désordre qu'ils n'ont
plus la faculté de surmonter ; aussi dans
le même instant les organes essentiels à la
vie faisant un impuissant et dernier effort
contre la résistance qu'ils éprouvent, occasionnent quelques spasmes légers, et suc-
combent nécessairement dans l'exercice de
leur fonction. Ainsi tout mouvement organique s'arrête, s'anéantit, et l'homme subit la mort.

## RÉSUMÉ DE CET ARTICLE.

685. Quoique mon unique objet dans cet
article n'ait été que de traiter de la cause
physique de l'entretien de la vie des êtres
organiques, malgré cela j'ai osé avancer en
débutant, que l'existence de ces êtres éton-
nans n'appartenoit nullement à la nature ;
que tout ce qu'on peut entendre par le mot
*nature*, ne pouvoit point donner la vie,
c'est-à-dire, que toutes les facultés de la

matière, jointes à toutes les circonstances possibles, et même à l'activité répandue dans l'univers, ne pouvoient point produire un être muni du mouvement organique, capable de reproduire son semblable, et sujet à la mort.

686. Tous les individus de cette nature, qui existent, proviennent d'individus semblables qui tous ensemble constituent l'espèce entière. Or, je crois qu'il est aussi impossible à l'homme de connoître la cause physique du premier individu de chaque espèce, que d'assigner aussi physiquement la cause de l'existence de la matière ou de l'univers entier. C'est au moins ce que le résultat de mes connoissances et de mes réflexions, me porte à penser. S'il existe beaucoup de variétés produites par l'effet des circonstances, ces variétés ne dénaturent point les espèces : mais on se trompe sans doute souvent, en indiquant comme espèce, ce qui n'est que variété ; et alors je sens que cette erreur peut tirer à conséquence dans les raisonnemens que l'on fait sur cette matière.

687. Pour réussir à faire connoître la cause de l'entretien de la vie des êtres organiques, j'ai tâché d'abord de prouver

que cette même vie résidoit essentiellement dans un mouvement particulier que
j'ai nommé *mouvement organique ;* mouvement qui se transmet successivement par
les individus, et non par aucune impulsion
translative de masse en masse.

688. J'ai fait ensuite remarquer que le
mouvement organique s'opéroit d'autant
plus facilement dans les organes d'un individu, que les fibres de cet être vivant étoient
plus souples et plus flexibles; mais en même
tems j'ai fait appercevoir que plus l'action
organique étoit grande, plus aussi la tendance à la décomposition, à laquelle tous
les composés de la nature sont assujettis,
s'effectuoit promptement.

689. Enfin j'ai fait voir qu'à mesure que
cette tendance à la décomposition occasionne des pertes dans la substance d'un
être doué de la vie, à mesure aussi l'action
organique cause une assimilation de matières étrangères en la propre substance de
cet être.

690. A ces premières loix physiques des
êtres vivans, loix qu'il étoit important de
remarquer, et qui, je crois, sont susceptibles des preuves les plus rigoureuses, il
falloit encore indiquer les deux suivantes;

O

parce qu'elles seules peuvent rendre raison de l'accroissement de ces mêmes êtres,
et qu'elles font connoître ce qui produit
la cessation de cet accroissement, ce qui
ensuite occasionne le dépérissement des
êtres dont il s'agit, et enfin ce qui cause
leur mort.

691. La première consiste en ce que la
réparation que l'action organique apporte
aux pertes de substance que cause la tendance à la décomposition, est dans l'enfance
plus grande que la somme des pertes; parce
qu'à cet âge l'assimilation est plus facile et
plus considérable, à cause de la souplesse
et de la grande extensibilité des fibres.

692. La seconde nous apprend que l'assimilation fournit constamment plus de principes fixes au corps d'un être vivant, que
les pertes qu'occasionne la tendance à la
décomposition n'en emportent en tout tems;
parce que les principes qui tendent et qui
réussissent le plus à se dégager de l'état
de combinaison, sont toujours les élémens
les plus élastiques et les moins fixes.

693. Au moyen de ces loix que j'ose dire
incontestables, parce que l'observation
exacte de tous les faits relatifs aux êtres
vivans, les constate et en établit claire-

ment la certitude, on peut à présent concevoir pourquoi le corps de l'homme dans
la première période de sa vie, s'accroît et
augmente dans toutes ses dimensions et
dans sa masse, quoique pendant le cours
de cette période il soit assujetti à des pertes continuelles de substance plus grandes
que dans aucun autre tems postérieur à
cette époque; pourquoi ensuite la seconde
période de sa vie est remarquable par la
cessation de son accroissement et par la
jouissance de sa plus grande vigueur, tems
où la réparation équivaut complètement aux
pertes, et où la consistance des fibres est
moyenne entre leur plus grande souplesse
et leur plus grande roideur; enfin pourquoi
dans la troisième et dernière période de sa
vie, toutes ses facultés diminuent insensiblement et continuellement, quoiqu'alors
ses pertes de substances soient manifestement moins considérables que pendant les
périodes qui ont précédé.

694. On pourra se convaincre de l'exac-
titude et de la fécondité des principes que
je viens d'établir, lorsqu'on en fera des applications à tous les autres êtres organiques
que je n'ai pu citer; et on verra, par exemple, que dans les amphibies où l'action or-

ganique est lente et pénible, puisque ces
animaux, comme le crapaud, les serpens, &c.
digèrent avec beaucoup de lenteur, la tendance à la décomposition s'effectue aussi
très-lentement; de sorte que ces êtres animés font peu de pertes: aussi ont-ils peu de
besoins. Les oiseaux offrent des faits très-
différens ; leurs pertes de substance sont
grandes et continuelles, comme nous aurons
encore occasion de le faire remarquer en
traitant de la cause de la chaleur animale,
et leurs besoins renaissent à chaque instant. On ne tenteroit pas impunément de
faire supporter à un oiseau un aussi long
jeûne, qu'un serpent le pourroit soutenir.

695. Dans certains quadrupèdes, comme
la marmotte, le loir, &c. le froid de l'hiver
produit un engourdissement qui suspend la
plus grande partie de l'action organique,
et ne laisse subsister en eux qu'un foible
mouvement vital qui les défend contre la
mort que la nature tend toujours à leur
faire subir. Mais aussi alors l'effectuation
de la tendance à la décomposition est diminuée dans les mêmes proportions que
l'action organique; ce qui fait que ces animaux ne font presque point de pertes et
peuvent se passer de réparation.

696. On retrouve encore la même chose dans les végétaux: les plantes ligneuses de notre-climat et beaucoup d'autres subissent pendant l'hiver un semblable engourdissement dans la plupart de leurs organes; il ne s'opère alors en elles presque aucune assimilation , mais elles n'éprouvent non plus presque aucunes pertes. Aussi peut-on , sur-tout dans leur jeunesse , les ôter de la terre et les conserver ainsi pendant cette saison, sans les faire périr. On les exposeroit à une mort prompte , si, dans la saison où l'action organique est dans sa vigueur, et par conséquent où, selon nos principes, la tendance à la décomposition est alors très-effective, on les ôtoit de la terre, c'est-à-dire, on les privoit de leur principal moyen de réparer leurs pertes.

# ARTICLE II.

*De l'état de santé dans l'homme, et des principaux phénomènes qui résultent de l'action de ses organes.*

697. JE me suis occupé dans le premier article de cette dissertation, de la cause physique qui donne lieu à l'entretien de

la vie de chaque être organique pendant
un certain tems; et je crois avoir rendu
raison d'une manière évidente , pourquoi
chaque être de cette nature a nécessairement des bornes dans sa durée; et pourquoi le cours de la vie , sur-tout dans l'homme, est partagé en trois périodes remarquables; savoir, le tems de l'accroissement,
celui de la plus grande vigueur, et enfin
celui de dépérissement que termine la mort
de l'individu.

698. Maintenant je vais essayer de faire
voir que les mêmes principes qui m'ont
servi à déterminer la cause de ces périodes
et de leur terminaison nécessaire, concourent aussi à faire connoître la cause de
certains phénomènes que je me propose
d'examiner dans cet article, tels que *la digestion, la couleur du sang* et *la chaleur
animale.* Mais avant tout , je vais tâcher
d'établir ce qui constitue essentiellement
l'état de santé dans l'homme, pendant les
diverses périodes de sa vie.

## De l'état de santé.

699. Il paroît que Boerhaave établit la
santé , dans la conservation de l'état moyen

entre la trop grande foiblesse des fibres et leur trop grande roideur; état qui donne aux solides du corps, assez de force pour réagir sur les humeurs, et opérer en elles les changemens nécessaires à la vie; état enfin qui produit l'intégrité de toutes les fonctions du corps. Hoffmann porte ses vues d'un autre côté: c'est tel état de la circulation, selon lui, qui constitue l'état de santé dans l'homme, entretient les fonctions des organes dans leur intégrité, et en un mot favorise également et les évacuations nécessaires et les réparations indispensables.

700. Bien loin de vouloir fronder l'opinion de ces grands hommes, je me propose au contraire de faire voir que quoiqu'ils établissoient leurs vues sur des considérations différentes, ils avoient néanmoins tous deux raison; car chacun d'eux s'appuyoit sur des vérités incontestables, et qui par conséquent ne s'excluent en aucune manière: mais ces savans illustres me paroissent ne s'être point apperçus que ce qu'ils regardoient chacun comme cause principale, n'étoit réellement que l'effet d'une autre cause physique plus générale encore, et à laquelle ils ne semblent point avoir fait attention.

701. En effet, l'état de santé dans l'homme, pendant les diverses périodes de sa vie, ne réside point uniquement dans tel état indiqué des solides, ni dans tel mouvement déterminé des humeurs qui circulent ; car l'état de santé peut exister dans tous les tems de la vie. Or, les fibres des solides dans l'enfance ont une foible consistance, une souplesse et une flexibilité que n'ont nullement les fibres des solides dans la vieillesse de l'homme : enfin la circulation dans l'enfance, se fait avec une vélocité qui n'a aucunement lieu dans les autres âges de la vie : cependant il existe un état de santé pour les vieillards comme pour les enfans ; et c'est, comme nous l'allons voir, une considération très-différente qui établit cet état.

702. Parmi les fonctions organiques qui servent à l'entretien de la vie de l'homme, la plus essentielle de toutes pour lui, consiste évidemment dans la faculté non interrompue qu'il a d'assimiler des substances étrangères à sa propre substance, afin de réparer plus ou moins complètement, mais sans cesse, les pertes que cet être vivant fait dans tous les instans de sa vie, par l'effet de la tendance *à la décomposi-*

*tion* de toutes les parties de son corps [422 à 430].

703. Or, en supposant l'ordre naturel des choses toujours conservé, il est certain que la *force d'assimilation* d'une part, et de l'autre l'*effectuation de la tendance à la décomposition*, peuvent pendant tout le cours de la vie, subsister de manière que l'une n'interrompe jamais l'autre; quoique par l'effet même de la durée de la vie, elles diminuent toutes deux graduellement d'activité; et nous allons faire voir que c'est en cela essentiellement que consiste la santé. Mais lorsque par l'effet de quelque cause particulière, l'une suspend ou empêche la fonction de l'autre, alors le nouvel état de l'individu vivant qui est dans ce cas, n'est plus naturel, et la santé ne subsiste plus en lui.

704. Quelle que soit la *force d'assimilation* dans un être vivant, cette force ne diminue jamais l'*effectuation de la tendance à la décomposition*; au contraire, nous avons vu qu'elle l'augmente toujours en raison directe de son activité: mais il n'en est pas de même de l'*effectuation de la tendance à la décomposition*; car il n'arrive que trop souvent, par certaines causes accidentelles,

que cette *effectuation* devient si grande,
qu'alors elle altère ou même interrompt
presque tout-à-fait la *force d'assimilation*;
et qu'elle annulle par conséquent l'utile
effet du mouvement vital, ou le rend quelquefois lui-même, dans ce cas, principe actif de destruction.

705. Lorsque, par exemple, l'*effectuation de la tendance à la décomposition* se
trouve, par une cause quelconque, plus
grande qu'elle ne doit être proportionnellement à l'âge de l'individu; il est clair
qu'elle doit altérer en lui la *force d'assimilation :* car cette *tendance à la décomposition* s'effectue alors non-seulement dans
la substance même de l'individu vivant dont
il s'agit, ce qui lui cause des pertes, mais
même dans les matières prêtes à être assimilées; de sorte que dans cette circonstance, ces matières se dénaturent tellement,
qu'elles ne peuvent plus être changées en
la substance de cet être; que conséquemment elles ne réparent point ses pertes;
et que de plus elles deviennent dans ce cas
elles-mêmes par leur présence, une nouvelle cause de désordre.

706. Or, il est manifeste que tout animal vivant qui se trouve dans cet état,

ne

ne jouit plus de la santé. Enfin, c'est cet état non naturel qu'on a coutume alors de désigner sous le nom *d'état de maladie.* L'essence de la fièvre, les phénomènes qu'elle produit, et en un mot ses funestes suites, peuvent être maintenant suffisamment conçus, et confirment assez clairement ce que je viens d'établir.

707. Il n'entre point du tout dans le plan que je me suis proposé, d'exposer ici toutes les causes qui peuvent produire cet *excès d'effectuation* dans la *tendance à la décomposition* de la substance du corps. Le détail très-étendu de toutes ces causes et de leur manière d'agir, appartient en entier à la médecine; et certainement nous devons aux recherches et aux observations de tous les savans illustres qui ont embrassé l'étude et l'exercice de cet art précieux, un nombre prodigieux de véritables connoissances à cet égard. Je ferai seulement remarquer [comme exemple à mon principe] qu'une des principales causes accidentelles qui augmente *l'effectuation de la tendance à la décomposition,* et altère la santé de l'homme, a lieu en général, lorsque l'évacuation des matières devenues inutiles, et des portions de substance dé-

*Tome II.*                                    P

truites par l'effet de la tendance en question, vient à être diminuée ou suspendue.
En effet, la présence de ces matières mal-
à-propos retenues, irrite les parties qui les
contiennent, en laissant dégager des principes qui sont alors d'autant plus actifs,
que leur combinaison est devenue moins
intime ; aussi elle augmente bientôt par
cette cause, l'effectuation de la tendance
à la décomposition des autres parties du
corps utiles et essentielles à la vie.

708. Ainsi l'état de santé dans l'homme
et même dans tous les animaux, est donc
évidemment constitué par une proportion
telle, pendant toute la vie, que *l'effectuation de la tendance à la décomposition du
corps, ne détruise ni même ne diminue aucunement la force d'assimilation* que produit le mouvement organique, ou, en d'autres termes, la faculté nutritive. Il est aisé
de s'appercevoir que tout dérangement dans
les fonctions des organes, toute suppression
d'évacuation indispensable, et enfin tout
obstacle particulier ou général, survenu
dans les changemens nécessaires à la vie,
altèrent immanquablement l'importante proportion que je viens de citer.

## De la digestion.

709. Je ne puis passer à l'exposition de la cause physique de la couleur du sang et de celle de la chaleur animale, qui véritablement font l'objet principal de mes recherches, sans auparavant examiner comment s'opère la digestion, ou au moins comment l'observation et les principes que j'ai déjà établis, me font penser qu'elle s'exécute.

710. On nomme *digestion*, la fonction naturelle par laquelle les alimens renfermés dans l'estomac et les intestins grêles, y subissent des changemens qui donnent lieu à la formation et à la séparation du chyle, liquide précieux qui doit servir à la nourriture du corps.

711. Je ne m'arrêterai point à discuter les diverses opinions qui ont été avancées sur la manière dont s'opère la digestion; mais je proposerai simplement mon sentiment, parce qu'il est fondé sur des faits, et en outre sur des principes que j'ai crus nécessaires d'admettre; et qu'en un mot il peut concourir à faire connoître la cause de la couleur du sang, en indiquant d'abord

celle de la couleur du chyle, dont je vais essayer d'expliquer la formation.

712. Les alimens broyés d'abord, pénétrés de salive et grossièrement divisés par le résultat de la mastication, subissent ensuite dans l'estomac par l'effet de l'action du ventricule et des liqueurs qui y sont filtrées, une division plus ou moins complète dans l'aggrégation de leurs molécules. Or, lorsque cette destruction d'aggrégation est la plus complète possible, la fonction naturelle dont il est question, est, selon nous, tout-à-fait achevée; car nous pensons que c'est simplement dans cette désunion des molécules aggrégatives alimentaires, que consiste essentiellement la digestion. Les considérations qui vont suivre, sur la nature des molécules alimentaires, et sur ce qu'elles deviennent après être parvenues dans l'estomac, pourront servir de preuves à notre sentiment.

713. Les molécules aggrégatives de tous les alimens dont l'homme peut faire usage, sont, en général, de deux sortes: les unes sont des composés imparfaits, c'est-à-dire, ont leurs principes constituans foiblement unis ensemble, et ont conséquemment leur *tendance à la décomposition* très-effective.

Les autres, au contraire, sont des composés parfaits ou presque parfaits; leurs principes composans sont intimement combinés ensemble, et leur *tendance à la décomposition* n'est point ou presque point effective.

714. Or, j'ose avancer que les molécules aggrégatives dont les élémens constitutifs sont imparfaitement combinés entre eux, se décomposent toutes dans les premières voies, et ne pénètrent jamais dans les secondes : au lieu que les molécules alimentaires dont l'état de combinaison de leurs principes est presque parfait, et dont par conséquent la tendance à la décomposition n'est presque point effective, sont les seules qui puissent parvenir dans les secondes voies, et servir à la formation du chyle.

715. Tout composé imparfait, quel qu'il soit, est nécessairement une matière savoureuse ou caustique [454 à 500], c'est-à-dire, est une matière qui a une tendance à la décomposition, tellement effective, qu'elle se détruit réellement toutes les fois qu'elle est en contact avec d'autres matières propres à favoriser sa décomposition. Or, comme toute substance humide a la faculté de favoriser la destruction de tous les composés imparfaits, il est clair que

P 3

de pareils composés ne peuvent pas pénétrer dans les premières voies du corps
des animaux, sans y rencontrer par-tout
des occasions de se détruire [466 et 496].
Enfin, comme ces matières, en se détruisant, laissent dégager des principes qui
sont alors dans un état d'activité, et qui
modifient les substances qu'ils touchent ;
il est encore clair que par l'effet de leur
décomposition, les composés imparfaits,
qu'on avale parmi les alimens, ont la faculté d'irriter et quelquefois même de détruire les fibres qui concourent à la formation des premières voies, et de produire
par conséquent des sensations, ou de saveur, ou de causticité, selon le degré d'activité des principes qui se dégagent [496].

716. Voyons donc ce que l'observation
nous apprend relativement aux composés
imparfaits, qui entrent communément en
si grande abondance dans les alimens dont
nous faisons usage. Quelle que soit la quantité d'acide, ou de substance âcre, ou de
liqueur spiritueuse qu'on avale, on sait que
le chyle qui résulte de la digestion de ces
substances, n'en est pas moins toujours
une liqueur douce, laiteuse et blanchâtre ;
une liqueur par conséquent qui n'est ni

âcre, ni acide, ni spiritueuse. Cependant
au bout d'un certain tems que ces composés imparfaits sont parvenus dans les premières voies, vainement on tenteroit de les
y retrouver, quoiqu'ils n'aient point pénétré dans les secondes. Ces composés sont
alors plus ou moins complètement détruits ;
en un mot, ils n'existent plus réellement.

717. Il est certain que c'eût été un dan-
ger toujours imminent pour l'économie animale, si les composés imparfaits qui ont
une tendance à la décomposition *si effective,* et qui, en se détruisant, fournissent
des principes actifs qui irritent les fibres
des animaux, eussent pu s'introduire avec
le chyle dans les vaisseaux lactés : car ces
vaisseaux dont la texture est d'une délicatesse extrême, eussent été par-là continuellement exposés à avoir leur substance
rongée, déchirée et détruite. Et de quelle
utilité d'ailleurs eussent été dans le chyle,
des molécules ainsi prêtes à se décomposer,
vu que l'objet direct de la nature est de
fournir par le moyen de ce chyle, la matière propre à être assimilée à la substance
des animaux vivans, pour réparer leurs
pertes ?

718. Mais cela n'est point ainsi nous

P 4

les composés imparfaits que nous prenons
parmi nos alimens, se détruisent et laissent dégager leurs élémens constitutifs dans
les premières voies. Une grande partie de
ces composés se détruit d'abord pendant
la mastication; ce qui produit sur la langue,
dans le palais et l'arrière-bouche, les sensations de saveur que tout le monde connoît : et le reste achève ensuite de se décomposer dans l'estomac et les premiers
intestins. Lorsqu'on avale quelque boisson
spiritueuse, cette boisson ne séjourne pas
long-tems dans la bouche, parce que la
déglutition des liquides n'exige point de
mastication; et comme les molécules aggrégatives et libres de cette boisson se décomposent à mesure qu'elles sont en contact avec nos organes toujours humides,
elles laissent dégager un feu abondant qui
se manifeste par l'effet de son expansion
très-active. Or, il n'est personne qui ne
connoisse la sensation de chaleur qui résulte de cette décomposition , et qu'on
éprouve alors dans la bouche, ensuite dans
l'œsophage, et enfin dans l'estomac, lorsqu'on a bu un verre de bon vin, ou de
quelque liqueur très-spiritueuse.

719. Quant à la seconde sorte de molé-

cules aggrégatives que fournissent les alimens, c'est-à-dire, celles qui ont leurs
principes constituans intimement unis entre
eux, et dont la tendance à la décomposition n'est nullement ou presque point effective, on sent que ces molécules doivent
se conserver dans leur état de combinaison, pendant que la mastication et ensuite
la digestion, opèrent la destruction de leur
état d'aggrégation, supposé préexistant. Et
lorsqu'elles sont tout-à-fait libres, celles
d'entre elles qui sont les moins grossières,
sont entraînées par un véhicule aqueux qui
abonde alors dans l'estomac et les premiers intestins, et que les vaisseaux lactés
absorbent continuellement: or, ces molécules très-douces par leur nature, n'irritent nullement l'orifice des vaisseaux chy-
leux, comme feroient des molécules âcres,
ou acides, ou spiritueuses; ne forcent point
par conséquent l'orifice de ces vaisseaux
de se resserrer; et en un mot, à la faveur
du véhicule que je viens de citer, ces molécules d'une petitesse extrême s'introdui-
sent dans les secondes voies sans rencontrer de résistance, et d'abord y constituent
le chyle.

720. Les molécules du chyle ne sont pas

toutes de même nature; cela n'est nullement nécessaire : il suffit seulement qu'elles
soient très-atténuées, et d'une combinaison
presque parfaite dans l'union de leurs élémens constitutifs, comme le sont celles
des sucs oléagineux, gélatineux et gluti-
neux. De plus, le chyle n'est pas toujours
identique, c'est-à-dire, que ce ne sont pas
toujours les mêmes sortes de molécules qui
le composent : parce que, comme ce chyle
n'est qu'un véritable extrait des alimens,
il varie et tient nécessairement de leur nature; en un mot, toute molécule aggrégative, quelle qu'elle soit, est toujours propre à le former, lorsqu'elle a les conditions
que nous venons de prescrire.

721. D'après cette théorie très-intelligible, et que je crois également fondée, je
définirai la *digestion*, cette fonction naturelle par laquelle l'aggrégation des molécules alimentaires étant complètement détruite, les molécules dont la combinaison
est imparfaite se décomposent dans les premières voies; et parmi les molécules dont
la combinaison est parfaite, celles qui ont
une ténuité suffisante, pénètrent dans les
vaisseaux lactés, et y forment le chyle.

722. Je définirai ensuite ce qu'on nomme

*mauvaise digestion*, la même fonction rendue lente et pénible par l'effet d'une cause
quelconque, au point que, non-seulement
les molécules d'une combinaison imparfaite,
mais même une grande partie des autres,
fermentent et se décomposent dans l'estomac et les premiers intestins par leur trop
long séjour, ce qui donne lieu aux rapports
aigres et aux vents qui tourmentent dans
ce cas.

723. Enfin je définirai l'*indigestion*, cette
même fonction rendue tellement imparfaite par une cause quelconque, comme
foiblesse dans l'organe, ou excès, ou mauvaise qualité des alimens, que la désunion
même des molécules aggrégatives des substances contenues dans l'estomac, ne peut
pas suffisamment s'opérer; de manière qu'une
portion de ces substances a déjà fermenté,
et développe des principes très-irritans,
tandis que l'autre portion forme encore des
masses dans l'état d'aggrégation, ou très-
peu divisées. Ce qui produit alors des rapports aigres, des nausées et des pesanteurs
insupportables, dont le vomissement presque toujours peut seul débarrasser.

## *De la couleur du chyle et de celle du sang.*

724. Nous venons de remarquer que le chyle est formé non-seulement des molécules aggrégatives désunies, les moins grossières et les moins terreuses qui se trouvent dans les alimens, mais en outre de celles uniquement dont les élémens constitutifs sont dans un état de combinaison presque parfait. De sorte que ces molécules sont douces, et n'ont jamais ni saveur âcre ou piquante, ni causticité sensible; parce que leur tendance à la décomposition n'est presque point effective.

725. Maintenant nous disons que des molécules de la nature de celles dont il s'agit, ont nécessairement leur feu principe dans l'état le moins favorable à son dégagement, et conséquemment tout-à-fait masqué par les autres élémens qui entrent dans leur combinaison. Or, d'après ce que nous avons exposé dans notre dissertation sur la couleur des corps [590], il est évident que les molécules chyleuses, telles que celles dont nous parlons, ne doivent point être colorées, et ne peuvent être que blanches ou

blanchâtres, et en un mot doivent former un liquide hétérogène et laiteux, ou blanc comme une émulsion.

726. La couleur de chacune des molécules chyleuses n'est point, malgré cela, parfaitement blanche, parce qu'elle est altérée par la transparence que l'eau de combinaison de ces molécules cause en elles; mais elles acquièrent bientôt une teinte jaunâtre par leur premier degré d'altération, et comme nous l'avons fait voir dans notre dissertation précédente, leur feu fixé encore plus à nud doit les faire passer ensuite à la couleur tout-à-fait jaune, de celle-ci à l'orangé et de l'orangé au rouge. C'est ce qui arrive en effet, non pas aux molécules chyleuses elles-mêmes, mais à certains de leurs produits; car au lieu de continuer de s'altérer dans leur combinaison pour parvenir à l'état de sang, elles subissent une véritable composition nouvelle, après avoir changé les proportions de leurs principes, composition qui les identifie, et qu'opère le mouvement vital.

727. Le chyle en effet étant extrait des alimens, est porté dans le sang avec lequel alors il circule; mais les changemens qu'il subit par l'effet de la circulation et de l'ac-

tion vitale, le transforment bientôt lui-même
en sang, dont il prend la nature. Or, il
nous importe ici de faire voir que la trans-
formation du chyle en sang, n'est point
du tout le produit d'une simple altération
dans la combinaison des principes constituans du chyle, altération dont tel degré
déterminé le constitueroit sang; mais que
c'est une véritable composition nouvelle,
opérée par l'action organique et le mouvement de la circulation.

728. Nous avons vu que le chyle n'étant
qu'un extrait des alimens, n'étoit pas nécessairement toujours identique, et qu'il
avoit encore de l'analogie avec les substances dont il provenoit; cependant, quoique ce soit uniquement le chyle qui produise le sang, l'observation fait connoître
que le sang est un liquide toujours composé des mêmes sortes de parties, au moins
dans tous les individus d'une même espèce.
On sait ensuite que du chyle qui ne seroit
plus soumis à l'action organique, ne se
changeroit point en sang par l'effet de sa
décomposition naturelle. Or, il est clair,
d'après ces deux seules considérations, que
le chyle qui, quel qu'il soit, contient tous
les principes propres à la constitution du

sang, n'est transformé en vrai sang, que
par l'effet d'une composition nouvelle opérée par l'action de la vie.

729. Maintenant il est essentiel de remarquer que les produits de cette composition ne sont pas en entier un composé
simple et homogène, comme il semble que
cela auroit dû être ; la cause composante
et les proportions des principes qui se trouvent dans le chyle, ne le permettent nullement. Mais il se forme nécessairement
plusieurs composés particuliers qui varient
dans l'intimité d'union et dans les proportions de leurs principes, et qui, par leur
mélange parfait, constituent ce liquide hétérogène et précieux qu'on nomme *sang*.
Ces composés particuliers sont au nombre
de trois, dont un paroît essentiel aux besoins toujours renaissans que la substance
même de l'être vivant a d'être réparée ; et
les deux autres sont en quelque sorte su-
perflus, au moins pour cet usage.

730. En effet, la principale de ces substances, ou le composé le plus essentiel que
produit l'action organique en détruisant le
chyle, est *la lymphe*. C'est une substance
glutino-muqueuse, intimement combinée
dans ses principes, par conséquent non co-

lorée, mais blanchâtre, et qui fournit la matière propre à l'assimilation, ainsi qu'une partie des secrétions que l'on connoît.

731. Ensuite le composé superflu, abondant en principes aqueux, et contenant, mais dans de moindres proportions, les autres principes de la lymphe, forme cette substance simple, très-liquide, non colorée, qui sert de véhicule au sang, et qu'on nomme *sérosité*.

732. Enfin, la troisième sorte de composé, qui abonde en principe fixe ou terreux, qui n'a pu faire partie du composé essentiel, retenant ou fixant tout le feu qui n'a pu se dégager entièrement pendant la composition que l'action vitale a formée, et sur-tout retenant ce feu dans un état moyen entre celui où, tout-à-fait à nud, il est prêt à se dégager, et celui où, parfaitement masqué par les principes qui le retiennent, il est le plus complètement fixé possible, constitue cette *substance rouge*, qui, par son mélange intime avec les deux autres sortes de substance, forme le sang et en cause la couleur rouge.

733. Il résulte de ce que nous venons d'exposer, que la couleur rouge du sang n'est point due à la réunion d'un certain

nombre

nombre de globules cohérentes ensemble, ce qui, comme on l'a prétendu, produit l'apparence rouge ; ni à du fer contenu dans ce liquide, puisque ce fer coloreroit également le chyle. D'ailleurs, si l'on est parvenu à retirer du fer en décomposant le sang, je sais qu'on a également réussi à en obtenir du lait; ce que Cornet, de la ci-devant académie des sciences, m'a assuré, d'après ses propres expériences. Le lait ni le chyle ne sont cependant point de couleur rouge.

734. Ainsi la couleur rouge du sang est réellement due à une substance colorée, mêlée dans ce liquide; substance assez fixe par la nature de ses principes dominans, facilement inflammable, et qui contient beaucoup de feu fixé, lequel est dans un état moyen de *découvrement* qui produit la couleur rouge [600].

### De la chaleur animale.

735. L'effectuation de la tendance à la décomposition de toute substance composée, ne s'opère pas seulement dans les solides du corps de l'homme ou de tout autre animal vivant, mais encore et avec

beaucoup plus de facilité, dans tous les fluides dont il est rempli.

736. Tel est en effet le résultat constant de cette tendance, et en même tems celui de l'action organique, que tous les fluides du corps éprouvent continuellement des changemens réels dans leur nature; de sorte que leurs principes constituans, surtout dans l'homme, ne sont pas deux instans de suite dans le même état de combinaison, ni dans des proportions semblables [300].

737. Sans cesse l'action organique compose le sang, par les changemens qu'elle produit sur la nature du chyle que les alimens fournissent; sans cesse aussi l'effectuation de la tendance à la décomposition altère le sang, et fait subir à la portion de ce fluide qui n'a point été employée à l'assimilation, des changemens qui donnent lieu à la formation des diverses matières que les glandes filtrent et en séparent, ou qui s'échappent par les extrémités des artères capillaires, ou enfin qui s'exhalent à la faveur de la respiration.

738. Mais, comme nous l'avons déjà dit [298], l'observation prouve constamment qu'aucune matière composée ne subit jamais

le plus petit changement dans l'état de combinaison, ou au moins dans les proportions de ses principes, sans laisser échapper alors une portion de ceux de ces mêmes principes qui sont les moins fixés, les plus élastiques, et qui tendent le plus à se dégager pour se remettre dans leur état naturel, c'est-à-dire, pour reprendre l'état de raréfaction et d'élasticité dont ils sont privés par l'effet de leur combinaison.

739. Or, de tous les élémens constitutifs des composés, le feu est celui qui a la plus grande tendance à se dégager, parce que c'est celui qui est le plus modifié, ou autrement, qui est le plus éloigné de son état naturel; et c'est en même tems celui qui réussit le plus aisément à perdre l'état de combinaison, et à s'échapper des composés, à cause de son extrême ténuité qui lui donne, à l'exclusion de toutes les autres sortes de matières connues, la faculté de traverser tous les corps lorsqu'il est libre.

740. Il suit évidemment de toutes ces considérations, que plus l'action organique est considérable, plus les changemens dans les composés, soit solides, soit fluides, qui entrent dans la constitution du corps d'un

animal, sont abondans et prompts; que plus
ensuite les substances des animaux subissent de changemens dans leur nature, plus
en même tems il se dégage de principes
élastiques, et par-dessus tout, du feu en
abondance qui, devenant alors libre, se
trouve dans un état d'expansion [69].

741. Il suit enfin de ces mêmes conséquences, que plus l'action organique est
considérable dans un animal, plus sa chaleur naturelle est grande : car dans un pareil animal, l'effectuation de la tendance à
la décomposition est si abondante, qu'elle
occasionne sans cesse le dégagement de
beaucoup de feu fixé : or, ce dégagement
est si peu interrompu, que le feu en expansion qui en résulte, et qui a achevé de s'é-
tendre, est toujours assez tôt remplacé par
d'autre feu en expansion, pour que la chaleur soit toujours manifeste et la même dans
cet animal.

742. Ce qui prouve maintenant que la
chaleur dont il est question, est vraiment
le produit d'un dégagement de feu fixé,
causé et par l'effectuation de la tendance
à la décomposition, et aussi par les recom-
positions que la circulation ou le mouvement organique peuvent occasionner; c'est

que cette chaleur est dans les animaux, toujours en raison directe de l'activité de leur force organique ou vitale, de la promptitude de leurs pertes de substance, et par conséquent de la vîtesse avec laquelle leurs besoins renaissent.

743. L'enfance dans l'homme est remarquable par une activité organique plus grande, par des pertes plus promptes et par des besoins bien plutôt renaissans, que dans la vieillesse : aussi la chaleur naturelle du vieillard est-elle réellement moins considérable que celle de l'enfant.

744. Dans l'homme en repos et sur-tout appliqué long-tems de suite à un travail d'esprit, le mouvement organique diminue d'activité, la tendance à la décomposition s'effectue avec plus de lenteur, et les besoins de manger sont moins prompts, et peuvent être satisfaits avec moins d'alimens, que dans un état plus actif. Aussi dans cet homme la chaleur naturelle est-elle diminuée dans les mêmes proportions; il a besoin alors de plus de vêtemens, et il lui faut du feu s'il fait un peu froid. Mais ensuite le même homme qui marche ou qui fait de l'exercice, a un mouvement organique beaucoup plus actif, et fait de

Q 3

plus grandes et de plus promptes pertes
de substances : aussi a-t-il plus de chaleur
naturelle, supporte-t-il plus aisément le
froid, et a-t-il un meilleur appétit.

745. La quantité beaucoup plus grande
d'alimens que cet homme consomme alors.,
prouve que sa chaleur augmentée n'est pas
le simple effet d'un frottement plus considérable dans les parties de son corps; puisque, d'une part, on ne peut pas citer un
seul exemple dans lequel des fluides agités même contre des solides, aient mani-
festé de la chaleur sans avoir été dans un
état de décomposition; et que d'une autre
part, on peut prouver que la proportion de
la chaleur de cet homme qui se livre au
mouvement, est alors exactement en raison de ses pertes. Enfin, on peut pareillement prouver que ses pertes sont parfaitement proportionnées à son exercice, et
conséquemment que sa chaleur naturelle
est tout-à-fait en raison de la quantité de
feu qui se dégage de l'état de combinaison, à mesure que des portions de sa substance subissent des changemens.

746. Cette proportion du degré de chaleur naturelle, comparé au degré de vîtesse et à la quantité des pertes de subs-

tances que fait un animal vivant, quel qu'il soit, est constamment la même, et toujours tellement relative, qu'ayant la connoissance de l'un, on peut alors déterminer l'autre.

747. Dans les animaux qu'on dit avoir le sang froid, la lenteur avec laquelle les pertes de substance s'opèrent, est cause que chaque quantité de feu fixé qui se dégage de l'état de combinaison, a toujours le tems de s'étendre entièrement, avant qu'une autre quantité du même principe se dégage assez tôt, pour entretenir sans interruption une chaleur qui puisse être apparente. Mais la nullité de chaleur n'a pas lieu dans ces animaux, quels qu'ils soient: on peut dire seulement que leur chaleur étant toujours moindre en raison de la lenteur avec laquelle la tendance à la décomposition s'effectue, elle est tellement foible dans les animaux dont il s'agit, qu'elle n'est point sensible pour nous.

748. Dans les animaux dont la chaleur naturelle est bien manifeste, il faut prendre garde qu'on ne juge bien de la quantité réelle de cette chaleur, qu'ayant égard, outre la somme des pertes, au volume du corps; car relativement à la quantité de

Q 4

feu qui se dégage ; un petit volume offrant
plus de surface qu'un plus grand, permet
une plus prompte et plus grande dissipation de feu en expansion. Ainsi la chaleur
naturelle d'un petit oiseau ne paroît pas
aussi considérable qu'elle l'est réellement;
ou bien la quantité de feu qui se dégage
dans ce petit oiseau et la promptitude de
ce dégagement, ne semblent pas aussi grandes qu'elles le sont en effet; parce que le
moyen de dissipation de ce feu étant fort
grand dans ce petit animal, sa chaleur ne
subsiste que par un prompt renouvellement
de feu dégagé sans cesse. Aussi les oiseaux
font-ils continuellement des pertes promptes et abondantes, puisqu'ils ont besoin de
manger à tout moment. La quantité de
nourriture que consomme le moineau dans
un tems déterminé, étant comparée à la
grosseur de son corps, est vraiment étonnante.

   * Il est donc évident, d'après ce que je
viens d'exposer, que la chaleur animale est
produite par le dégagement continuel du *feu
fixé* qui passe sans cesse dans le sang par la
voie des alimens dont les animaux font usage. [301 à 308.]

*Dans l'état de maladie, l'équilibre com-*
*pensatif entre l'effectuation de la ten-*
*dance à la décomposition des parties du*
*corps, et la force d'assimilation que pro-*
*duit l'action organique , n'existe plus :*
*l'effectuation de la tendance à la décom-*
*position est alors si grande, qu'elle di-*
*minue ou suspend , ou même anéantit la*
*force d'assimilation.*

749. Je finirai en faisant remarquer que
dans l'état de maladie, dans la fièvre, par
exemple, l'effectuation de la tendance à la
décomposition se trouvant plus grande qu'elle
ne doit être proportionnellement à l'âge de
l'individu; en un mot, se trouvant telle ,
qu'elle détruit ou suspend alors la force
d'assimilation , en dénaturant les matières
propres à être assimilées ; il est clair que
dans ce cas il doit s'opérer un dégagement
considérable de feu fixé ; dégagement proportionné sans doute aux changemens qu'é-
prouve cet individu malade dans ses solides et dans ses fluides , et qui produit en
conséquence une chaleur relative à sa quantité. Or, qu'est-ce qui ne connoît pas la
chaleur fébrile ; et qui n'apperçoit pas

évidemment sa cause prochaine, s'il fait attention à ses suites fâcheuses et inévitables?

*La Fièvre.*

750. Je définis la *fièvre* . . . . . une suspension ou interruption subite du mouvement des fluides [du sang au moins] dans les vaisseaux capillaires; suspension qui occasionne d'abord le sentiment de froid [le frisson] qu'on éprouve au commencement de tout accès de fièvre, qui cause bientôt une résistance au mouvement de la circulation en général, une pléthore dans les plus gros vaisseaux artériels, et enfin une irritation dans ces gros vaisseaux et surtout dans les ventricules du cœur. Cette irritation donne lieu bientôt à de plus fortes et de plus fréquentes pulsations de la part du cœur et des gros vaisseaux artériels; d'où résulte une augmentation dans le mouvement général de la circulation, laquelle rompt bientôt l'engorgement qui avoit lieu dans les vaisseaux capillaires, augmente considérablement la proportion dans la vitesse de l'altération ou de la décomposition du sang, fait succéder par conséquent au sentiment de froid qui com-

mença l'accès, un sentiment de chaleur beaucoup plus grand que dans l'état naturel, et suspend totalement la faculté qu'on nomme *nutrition*.

751. L'équilibre alors rompu entre la proportion de la vîtesse de l'altération du sang, et celle de la réparation de cette humeur par de nouveau chyle [302 à 307], est plus ou moins long, plus ou moins difficile à se rétablir. La durée et les suites connues des fièvres s'expliquent ici facilement, sans que je sois obligé d'entrer dans des détails à ce sujet.

752. Quant à la cause de l'engorgement des vaisseaux capillaires, elle nous semble devoir être de deux sortes : 1°. dans les fièvres symptomatiques, lorsqu'une partie du corps est très-souffrante, il se produit une crispation nerveuse qui donne lieu à la suspension du mouvement dans les fluides des vaisseaux capillaires; la durée de cette crispation et de cette suspension de mouvement, excite l'irritation dont nous venons de parler, et caractérise bientôt la fièvre : 2°. dans les fièvres essentielles, ce sont des miasmes introduits dans le torrent de la circulation [communément plus par la voie de la respiration que par ce

qui entre dans les premières voies], qui,
produisant un certain genre d'altération
dans la nature du sang, le mettent dans
le cas de s'engorger dans les vaisseaux capillaires; et bientôt la déclaration de la
fièvre, comme nous venons de le dire. On
sent encore que des humeurs destinées à
être évacuées, et qui refluent dans le sang
par une cause quelconque, comme des
suppressions de transpiration, &c. sont comprises dans la seconde cause dont il est ici
question.

Relativement aux fièvres intermittentes,
nous pensons que les causes qui y donnent
lieu, produisent une pléthore artérielle qui
s'accroît avec lenteur, et qui, parvenue à
un certain terme ou degré, forme l'engorgement capillaire et ses suites.... Mais la
chaleur et le mouvement augmenté ayant
rompu l'engorgement, et duré suffisamment
pour produire une évacuation par les sueurs,
le calme se rétablit, et alors la pléthore
se reforme encore insensiblement [la cause
première de cette pléthore étant supposée
encore existante], et arrive encore au degré d'intensité, qui reproduit un second
engorgement capillaire; autre accès qui se
termine de même et recommence ensuite

encore de même tant que la cause de la
formation de la pléthore artérielle subsiste. On peut imaginer le reste , et sentir
les variations qui causent les diverses sortes de fièvres intermittentes.

754. L'art important de guérir , tirera
toujours très-peu d'indications curatives
du système spécieux qui admet pour cause
de la chaleur fébrile , un frottement plus
violent des fluides contre les solides du
corps. Au lieu que la connoissance d'une
plus grande effectuation de la tendance à
la décomposition des solides, et sur-tout
des fluides du corps, existante dans la fièvre ; effectuation qui s'étend alors jusqu'aux
matières dont l'intimité de combinaison des
principes devoit , pour la conservation de
la vie , durer davantage ; effectuation enfin
qui suspend ou annulle la faculté nutritive, et par conséquent le moyen de réparation aux pertes ; cette connoissance, dis-je,
indique clairement les moyens simples auxquels on doit avoir recours pour arrêter
ces désordres, c'est-à-dire, pour diminuer
cette effectuation qui les cause. Or, je puis
prouver que les principaux moyens de cu-
ration que cette nouvelle théorie porte à

mettre en usage, sont exactement ceux que l'expérience a démontré réussir.

755. En effet, comme l'assimilation ne se fait réellement plus pendant l'état fébrile, il est aisé de sentir que les alimens dont l'objet unique est de fournir la matière propre à être assimilée, sont alors non-seulement inutiles, mais même deviennent en outre, cause de nouveaux désordres; puisqu'ils fournissent dans ce cas les matériaux propres à entretenir la corruption ou à la développer, et qu'ils augmentent conséquemment son effectuation funeste : aussi la nature ne les appète plus. Mais qu'à une diète rigoureuse dans le cas dont il est question, on joigne d'abondantes boissons de fluides très-peu composés; d'eau, par exemple, légèrement chargée de molécules mucilagineuses, ou imprégnée de principes acidules; on conçoit que ces liquides très-aqueux s'introduisant dans les secondes voies, après avoir laissé dans les premières, celles de leurs molécules qui sont de nature un peu stimulante, fourniront la matière propre à rétablir le véhicule du sang que la chaleur fébrile dissipe en abondance, et ne communiqueront presque aucuns

matériaux susceptibles de facile corruption, et capables de fournir par leur nature le dégagement de beaucoup de feu fixé; tandis que les particules acides que contenoient ces boissons, détruiront dans les premières voies, l'irritation que les matières qui y sont devenues âcres ou alkalescentes, y causent nécessairement.

756. Si les médecins de ces derniers siècles, eussent bien connu la cause prochaine de la chaleur fébrile, et par conséquent le véritable état de l'économie animale pendant la fièvre, ils n'auroient pas laissé introduire le pernicieux usage de donner aux malades des boissons chargées de matières animales. Le bouillon à la viande, sur-tout dans les fièvres aiguës et celles que par l'intensité de leur cause on nomme *putrides*, est, pour ainsi dire, un véritable poison : c'est dans ce cas le moyen le plus propre à hâter la décomposition des humeurs, en ce qu'il fournit au sang des substances faciles à se putréfier, et qui contiennent du feu fixé en abondance. Aussi les anciens médecins n'en admettoient nullement l'usage.

757. L'expérience, au contraire, fait voir que dans les cas dont il s'agit, les bouil-

lons maigres aux herbes, les boissons légèrement acidules, ou, selon les circonstances particulières, les boissons foiblement
chargées de molécules mucilagineuses ou
mielleuses, enfin les lavemens presque simples, dont l'objet est de calmer la chaleur
interne des entrailles en diminuant la contraction de toutes les parties qu'elle cause
par son irritation, sont les principaux
moyens qui réussissent à procurer du sou-
lagement au malade, en diminuant l'intensité de la cause de la maladie : ces moyens
très-connus n'auroient point été mention-
nés dans cet ouvrage, s'ils n'étoient eux-
mêmes une suite des principes que j'y ai
exposés ; s'ils ne concouroient à en constater le fondement ; en un mot, si en les
citant ici, je n'espérois engager les savans
à porter leur attention sur ces points de
vue intéressans, qui peuvent être très-fé-
conds en connoissances utiles.

### RÉSUMÉ DE CET ARTICLE.

758. L'importance des matières dont je
me suis occupé dans ce second article,
mériteroit sans doute un développement
plus étendu dans l'application à mes principes ,

cipes, afin de rendre leur fondement plus facile encore à appercevoir; mais je suis forcé, par le peu de tems que j'ai à donner à la composition de ces écrits, de ne présenter à présent que les preuves essentielles et indispensables, pour appuyer les points de vue que je me suis cru en droit d'établir.

759. Le principal de ces points de vue, celui qu'il étoit le plus important de fixer d'abord, est sans contredit la considération des causes physiques qui constituent l'état de santé dans l'homme pendant les diverses périodes de sa vie : car on sent que de la connoissance de ces causes, résultent nécessairement des notions utiles, sur ce qui constitue positivement l'état de maladie dans cet être sensible.

760. Ainsi, après avoir prouvé que la substance de tout être vivant avoit, par sa propre nature, une tendance réelle à se détruire, tendance plus ou moins fortement effective, selon l'espèce de chaque être, et selon l'époque de sa vie; j'ai fait voir ensuite que le principal effet de l'action vitale dans un individu qui en est muni, étoit de réparer sans cesse les pertes occasionnées par l'effectuation de cette ten-

dance, en opérant une assimilation de matières étrangères, à la propre substance de
cet individu.

761. Or, il suit de ces deux considérations importantes, que tant que l'action
de la vie, ou, ce qui est la même chose,
tant que le mouvement organique jouira
de la faculté d'assimiler de nouvelles substances à celle de l'individu même en qui
réside ce mouvement; la santé de cet être
vivant sera déterminée subsistante en lui,
et constituera son état propre : cela ne
peut être autrement, vu que la faculté
d'assimilation est telle, que si les fonctions essentielles à la vie et les fonctions
naturelles du corps ne s'opéroient point,
cette faculté elle-même ne pourroit point
avoir lieu.

762. On conçoit alors que si la quantité
d'assimilation que les forces de la vie pourront produire dans l'être dont il est question, est plus considérable que la somme
de ses pertes, cet être sera dans un état
d'accroissement; que si ensuite cette quantité d'assimilation équivaut simplement à
la somme de ses pertes, il ne croîtra plus,
mais conservera son état de vigueur; que
si enfin cette même quantité d'assimilation

vient, au bout d'un certain tems, à ne plus
équivaloir complètement à ses pertes, le
même être alors dépérira nécessairement.
Mais dans tous ces cas il sera doué de la
santé, parce que, tant que l'assimilation,
ou autrement la nutrition s'opérera en lui,
son corps jouira vraiment de ses facultés
naturelles; et les petites incommodités particulières qui n'altèrent point les fonctions
essentielles à la vie, seront négligées,
comme ne devant pas constituer l'état de
maladie véritable.

763. Lorsqu'au contraire, par une cause
accidentelle quelconque, l'effectuation de
la tendance à la décomposition sera devenue si grande, qu'elle dénaturera les matières destinées à l'assimilation, et par conséquent détruira dans l'individu vivant qui
se trouvera dans cette circonstance la faculté nutritive; alors cet être ne jouira
plus de la santé, et sera décidément malade.

764. Il importe infiniment de remarquer
ici qu'il y a deux sortes de réparations dans
l'homme ou tout autre animal; parce que
son corps est composé de deux sortes de
parties. La réparation des pertes de substance que font les solides du corps pendant

la durée de la vie, s'opère par l'assimilation en laquelle réside la faculté nutritive :
or, lorsque cette faculté est tout-à-fait
suspendue, l'être vivant qui est dans ce
cas, est, comme je viens de le dire, décidément malade. Mais il n'en est pas de
même des pertes que font les fluides du
corps, car dans l'état de maladie même,
ces fluides sont encore susceptibles de réparer leurs pertes par les alimens dont le
malade peut encore faire usage; sans quoi
le malade périroit toujours peu de tems
après l'état de maladie déclaré.

765. On conçoit d'après ce que je viens
d'exposer, que dans tout état fébrile, l'assimilation ne s'opère plus, et la faculté
nutritive est tout-à-fait nulle; mais la
réparation des fluides se fait encore, et
d'autant plus complètement, que la fièvre
est moins aiguë.

766. Dans les fièvres lentes proprement
dites, le mouvement de la vie est peu considérable, les pertes de substance sont peu
abondantes ou peu rapides, la chaleur fébrile est très-médiocre, et les fluides se
réparent toujours jusqu'à un certain point :
mais comme alors l'assimilation est vraiment nulle, l'animal se mine, et dépérit

sensiblement, quoiqu'avec une sorte de lenteur.

767. Au contraire, dans les fièvres très-aiguës, ardentes et putrides, l'effectuation de la tendance à la décomposition est si prompte, que les pertes en peu de tems sont considérables, que la chaleur fébrile est très-grande, et que la réparation des fluides est extrêmement incomplète : aussi alors presque tous les liquides du corps se dénaturent et causent tous les symptomes inséparables de ce fâcheux état; alors en peu de tems le sang s'épaissit, son véhicule n'est plus suffisamment réparé; il se fait des engorgemens dans les viscères et les organes essentiels; et bientôt les forces de la vie cèdent aux facultés des composés qui tendent à faire subir la mort.

768. Après avoir déterminé aussi exactement qu'il a été en mon pouvoir ce qui constitue véritablement l'état de santé dans l'homme, j'ai traité de la digestion, afin de réussir à faire plus aisément appercevoir la cause physique de la couleur du sang, en faisant auparavant remarquer celle de la couleur du chyle, qui en contient tous les principes.

769. Je ne vois dans la digestion que la

désunion la plus complète possible, des
molécules aggrégatives des alimens; mais
comme je n'ai point eu pour objet d'expliquer comment cette désunion s'opère,
et d'indiquer le nombre de moyens que
la nature emploie pour y parvenir, je n'ai
point parlé de la trituration attribuée à
l'estomac, ni de l'action des sucs gastriques
ou autres, ni enfin de l'effet de la chaleur
du lieu où la digestion s'exécute.

770. L'aggrégation des molécules alimentaires étant détruite, je remarque qu'en
général il doit y en avoir de deux sortes;
que les unes sont des composés imparfaits,
c'est-à-dire, ont leurs élémens constitutifs
peu intimement combinés entre eux, ce
qui est cause que leur tendance à la décomposition est nécessairement effective :
or, ces molécules sont de toute nécessité
ou savoureuses ou caustiques. Les autres
au contraire sont des composés parfaits,
c'est-à-dire, ont leurs principes constituans
très-intimement combinés ensemble, n'ont
point leur tendance à la décomposition vraiment effective; et conséquemment n'ont ni
saveur marquée ni causticité réelle.

771. Je fais voir ensuite que les molécules alimentaires de la première sorte, ne

pénètrent jamais dans les secondes voies;
et qu'il n'y a que les autres qui, lorsqu'elles
sont d'une grande ténuité et peu terreuses,
sont entraînées dans les vaisseaux lactés et
y constituent le chyle.

772. Enfin, en rappellant les observations que j'ai citées dans ma dissertation
sur la couleur des corps, je fais alors remarquer que l'état de combinaison de chaque molécule chyleuse, est tel, que le feu
fixé qu'elles contiennent toutes, se trouvant
complètement masqué par les autres principes de ces molécules, y est fort éloigné
de l'état le plus favorable à son dégagement, et ne peut par conséquent les colorer en aucune manière.

773. Mais, comme par l'effet de l'action
vitale et du mouvement de la circulation,
le chyle, après avoir été versé dans le
sang, y subit des changemens qui donnent
naissance à trois sortes de composés particuliers, lesquels, par leur mélange, constituent le sang même; et en un mot, comme
parmi ces trois sortes de composés, l'une
qui est la moindre en quantité, la plus terreuse et qui contient beaucoup de feu fixé
dans un état moyen de découvrement qui
donne lieu à la couleur rouge, se trouve

R 4

exactement mêlée avec les deux autres
sortes; il est évident qu'elle cause la couleur du sang dont elle fait partie, et que
cette couleur n'est due ni à du fer, ni à
une certaine disposition des globules du
sang même, mais appartient à cette substance colorée par l'état du feu qu'elle
contient, et qui est mêlée dans ce liquide
hétérogène.

774. Il me restoit à faire voir que la
chaleur animale n'est point du tout un simple effet du frottement des liquides entre
eux, ou contre les solides du corps, comme
on l'a pensé jusqu'à présent; mais est positivement le produit réel d'un dégagement non interrompu, d'une portion du feu
fixé de nos humeurs; dégagement qui se fait
pendant qu'elles se décomposent ou changent de nature.

775. Or, pour y parvenir, il m'a fallu
faire remarquer un principe, qui, par le
point de vue qu'il présente, effraie d'abord,
et par-là ne porte point naturellement à
l'admettre; mais qui est cependant très-
fondé, et qu'un peu d'attention et de liberté dans le jugement feront toujours connoître avec évidence.

776. Ce principe consiste en ce que tous

les êtres vivans, particulièrement les animaux, et par-dessus tout, ceux des animaux qui ont une chaleur manifeste, ont continuellement une portion de leurs humeurs et même de leurs solides dans un véritable état de décomposition, et font par conséquent sans cesse des pertes très-réelles.

777. Il est vrai que par l'effet de l'action vitale, il s'opère continuellement en eux une assimilation de nouvelle substance qui répare plus ou moins complètement les pertes de leurs solides; et qu'en même tems leurs fluides sont sans cesse renouvellés par la voie des alimens, qui fournit la matière propre à la recomposition du liquide principal qui produit tous les autres.

778. Les pertes et les réparations successives qui se font dans les êtres vivans, ont de tout tems été reconnues des médecins et de tous les hommes instruits; mais ils ont négligé de faire attention que ces pertes étoient toujours les suites de *véritables décompositions;* que sans cesse les liquides du corps s'altéroient et changeoient de nature; que c'étoit le résultat même de ces décompositions qui donnoit lieu à la formation des diverses matières

secrétoires; et qu'en un mot, le chyle ne
contient pas plus les matières dont je viens
de parler, que le mou qu'on obtient des
raisins écrasés, ne contient l'esprit-de-vin,
le vinaigre, &c. qu'on en retire après les
divers degrés de décomposition qu'on lui
a laissé subir.

779. Après avoir établi le fondement
manifeste de ces importantes considérations, je rappelle ce que j'ai dit en parlant
de la fermentation et des effervescences,
et j'ose assurer qu'aucun fluide, quel qu'il
soit, ne peut acquérir un degré de chaleur
qui ne lui a point été communiqué, que
lorsqu'il est dans un véritable état de décomposition; enfin, je ne crains pas de dire
qu'il n'y a pas un seul fait connu qui dépose contre ce que je viens d'avancer.

780. L'observation d'un autre côté, fait
voir constamment qu'aucun composé n'é-
prouve jamais le moindre changement dans
sa nature, et par conséquent dans les proportions de ses principes constitutifs, sans
laisser dégager une portion de ceux de ces
mêmes principes qui sont les plus élastiques, les plus modifiés, et qui par cette
raison tendent le plus à s'échapper de l'état
de combinaison.

781. Enfin j'ajoute à tout cela, qu'aucun composé ne peut se détruire ou changer de nature, sans qu'il n'y ait un dégagement réel d'une quantité de feu fixé qui, à l'instant même qu'il devient libre, se trouve alors dans un état d'expansion, et peut causer la chaleur.

782. Or, lorsque ce dégagement se fait avec assez d'abondance, de célérité et de durée, pour que chaque quantité de feu qui se trouve en expansion, n'ait point achevé de s'étendre avant d'être remplacé par de nouveau feu dans le même état; alors la substance qui se trouve dans ce cas, est pénétrée d'un degré de chaleur sensible, qui s'entretient par la durée de sa cause, et qui augmente ou diminue avec elle.

783. Ainsi le feu fixé qui sans cesse se dégage avec une certaine abondance et une assez grande célérité, pendant les décompositions et les changemens de nature, qu'une partie des solides et sur-tout des liquides de beaucoup d'espèces d'animaux (1),

(1) La respiration pour moi n'est qu'un fait organique très-ordinaire, et dont le principal objet est la

subit continuellement, donne lieu à la chaleur manifeste que ces animaux conservent
pendant la durée de leur vie. En un mot,
toute décomposition qui s'exécute avec
un peu de promptitude, comme les fer-

---

*sanguification*, c'est-à-dire, l'acte organique qui change
le chyle en sang; ce qu'avoient pensé les anciens phy-
siologistes.

J'ajoute seulement que le feu fixé qui faisoit partie
du sang, se dégage continuellement pendant le cours
de la circulation, dans toute l'habitude du corps, y
cause, comme je l'ai déjà dit [ 297 à 307 ] la *chaleur
animale*. Mais la plus grande quantité qui s'en dégage
continuellement, a lieu dans le poumon. Alors ce feu
libre, mais en expansion, se combinant avec l'air, ou
une partie de l'air qui a été inspiré, forme un gaz qui
sort par l'expiration, et qui n'est plus par conséquent
de l'air respirable, mais un gaz qu'on a nommé *gaz
acide carbonique*.

La respiration chez les chymistes pneumatiques est
un phénomène bien plus singulier; c'est une espèce de
combustion. En effet, l'air vital de l'air atmosphérique
en entrant dans le poumon par l'inspiration, s'unit alors
avec le carbone du sang [ mon feu fixé ], et forme avec
lui un gaz qu'on nomme *gaz acide carbonique* [ le même
dont j'ai parlé, et qui sort par l'expiration ]: mais dans
cette union, l'air vital perd une de ses parties, celle
qu'on nomme *calorique* [ mon feu en expansion ]. Or,
ce calorique abandonné par l'air vital se répand dans
la masse du sang par la voie de la circulation, et y pro-

mentations qui se font en peu de tems, et les effervescences, occasionnent toujours une chaleur sensible, par la cause que je viens de citer.

784. Mais lorsque par la lenteur des décompositions ou des changemens de nature des matières composées, le feu fixé qui se dégage, le fait sans promptitude, et en petite quantité à la fois; alors chaque quantité de feu qui se trouve en expansion, a le tems d'achever de s'étendre dans la masse totale du composé, avant qu'une autre quantité de feu fixé soit encore devenue libre et pareillement en expansion. Il suit de-là, qu'une semblable décomposition doit s'opérer sans occasionner de chaleur apparente; parce qu'il n'y a pas une assez grande quantité de feu en expansion subsistante à la fois, pour causer une chaleur qui puisse être apperçue.

785. Ainsi les changemens nécessaires à la vie dans beaucoup d'animaux, comme dans la plupart des poissons et des amphi-

---

duit la chaleur animale que la respiration continue d'entretenir.

Si cela n'est pas vrai, c'est du moins fort bien imaginé.

bies, dans les insectes et les vers; la décomposition d'un cadavre isolé, ou d'une
plante morte, la combustion lente du phosphore, &c. &c. se font toujours sans produire de chaleur remarquable.

# CINQUIÈME PARTIE.

*RECHERCHES sur l'origine des composés, et sur ce qui constitue essentiellement leur nature, en général.*

786. DÉTERMINER la nature particulière de chacun des composés qui existent, seroit sans doute le plus sublime effort que la chymie puisse jamais produire, et en même tems ce qu'il importeroit le plus à l'homme de connoître : mais pour y réussir, il faudroit auparavant être parvenu à un terme de connoissances auquel peut-être l'homme ne peut vraiment se flatter d'atteindre. Aussi ce n'est nullement cet objet qui m'occupe ; et quoique dans ces recherches, dans lesquelles j'ai été entraîné successivement par les circonstances, j'ai embrassé un sujet beaucoup au-dessus de mes forces, je n'ai point, malgré cela, la démence de me charger d'une tâche que même les savans du premier mérite ne pourroient actuellement remplir.

787. Ici ce sont deux points de vue par-

ticuliers que je me propose d'établir, après
en avoir discuté le fondement avec tout le
soin et l'attention dont je suis capable. Le
premier consiste à examiner quelle a pu
être la cause physique qui a donné l'existence à toutes les combinaisons qui sont
dans l'univers ; et le second se borne à considérer quelle peut être, en général, la nature d'un composé quelconque. Comme sur
ces deux sujets importans mon opinion est
fixée, et qu'elle est fondée sur des considérations qui m'ont paru suffisantes pour
m'engager à oser la faire connoître, je vais
tâcher de l'exposer avec le plus de clarté
possible, et de l'appuyer de tous les motifs
qui lui ont donné naissance.

788. Je conviens qu'une grande partie
de ce que je vais dire se trouve déjà avancé
et répété dans plusieurs endroits de cet
ouvrage ; mais mon but actuel se réduit à
donner à mes idées un développement plus
étendu, afin qu'on soit plus à portée de les
apprécier convenablement : d'ailleurs, cette
répétition est faite à dessein, et a pour objet de fixer, s'il est possible, l'attention
des savans sur des points de vue auxquels
il me semble qu'ils ne peuvent se dispenser d'avoir égard.

789.

789. Ainsi pour y parvenir et jetter tout le jour nécessaire sur cette partie de mes recherches, je diviserai cette partie en deux articles.

790. J'essaierai de prouver dans le premier, que *la nature ne tend point à faire des combinaisons*, et qu'elle a au contraire une tendance réelle à détruire toutes celles qui existent. Ensuite je ferai ensorte de faire voir que cette quantité immense de composés différens dont toutes les parties de notre globe sont couvertes, est entièrement et uniquement due aux êtres organiques qui s'y trouvent, ou qui y ont existé; et que c'est par eux seulement, c'est-à-dire, par le moyen des fonctions de leurs organes, que toute combinaison directe peut réellement s'opérer.

791. Dans le second article, je ferai ensorte de prouver que tout composé quelconque qui ne provient pas immédiatement des êtres organiques, est nécessairement le résultat de l'altération d'un ou de plusieurs composés préexistans; mais n'est jamais le produit d'une combinaison directe. J'y développerai ensuite les principales conséquences de ce principe important; enfin, j'y exposerai, comme telles,

*Tome II.*            S

la véritable origine des minéraux, avec
quelques développemens sur la série naturelle de ces corps brutes, relativement à
leur formation.

## ARTICLE PREMIER.

*La nature ne tend point à former des
combinaisons; au contraire, elle s'efforce
sans cesse de détruire toutes celles qui
existent.*

792. La surface du globe que nous habitons, est couverte de toutes parts d'une
multitude énorme de composés différens,
dont le nombre connu s'accroît de jour
en jour par les observations multipliées des
naturalistes : et quoiqu'on ait remarqué des
destructions manifestes parmi ces composés, et de véritables décompositions, il ne
paroît pas néanmoins que la somme des
composés qui existent, en soit pour cela
devenue moins considérable; il est même
très-vraisemblable qu'elle n'est nullement
diminuée. En effet, si, comme aucune observation ne porte à en douter, la cause
qui a donné l'existence à tous ces composés subsiste toujours, il est à croire qu'elle

répare continuellement ce que la cause qui occasionne les décompositions qu'on observe, détruit sans cesse. Or, c'est sans doute cette considération qui a conduit presque tous les savans à penser que la nature produisoit elle - même des combinaisons, et qu'en un mot la matière avoit une tendance réelle à former des composés.

793. Cette opinion à la vérité rendoit raison d'une manière très-simple de l'entretien continuel de la masse générale des composés qui existent; et comme on a toujours négligé de faire des recherches suffisantes pour déterminer la véritable cause des altérations et des destructions de composés que l'observation fait par - tout appercevoir, l'opinion que je viens de citer n'éprouva jamais de contradiction, et par cette raison ne fut soumise à aucun examen.

794. La proposition que je viens d'établir au commencement de cet article, et que j'ai déjà énoncée à la tête des paragraphes 413 et 422, et ensuite aux numéros 446 et 447, pourra révolter d'abord, par l'habitude qu'on a de penser le contraire; mais si l'on veut donner la moindre

S 2

attention aux considérations qui vont suivre, je crois que bien loin de la trouver
si ridicule, on finira par l'admettre entièrement, et la substituer avec avantage à
l'opinion contraire.

795. Cette proposition a pour base le
principe général suivant; savoir, *qu'aucun*
*des composés qui existent n'a tous ses élé-*
*mens constitutifs dans leur état naturel*,
c'est-à-dire, que les principes ou plusieurs
des principes de ces composés, sont par
le résultat même de leur combinaison, dans
un état de modification très-considérable.

796. En effet, les élémens élastiques et
compressibles, tels que l'air et la matière
du feu, ne font jamais parties constituantes d'aucun composé, qu'ils ne s'y trouvent
dans un état de modification très manifeste, privés des principales des propriétés
qu'on leur remarque lorsqu'ils sont libres,
en un mot, rassemblés et condensés alors
sous un très-petit volume, en une quantité
prodigieuse.

797. Ce que j'avance est évidemment
prouvé pour l'air, par les expériences de
Boyle, de Hales, et par celles de Lavoisier et des autres chymistes modernes
les plus célèbres, qui démontrent que l'air

principe qu'on retire des matières composées et sur-tout de la substance des êtres organiques, ou qui en proviennent récemment, occupe après sa séparation de ces matières plusieurs centaines de fois le volume sous lequel il se trouvoit dans son état de combinaison.

798. Suivant les expériences de Hales, un pouce cubique de bois de chêne produit par la distillation deux cents cinquante-six pouces cubiques d'air qui s'en dégage. Un pouce cubique de poix en produit par le même moyen trois cents quatre-vingt-seize pouces cubiques, &c. Bertholet, de la ci-devant académie des sciences, a retiré d'une once de nitre cinq cents quatre-vingt pouces cubiques d'air, comme on peut le voir dans son mémoire sur la décomposition du nitre, lu en février 1781.

799. Lavoisier a publié dans ses opuscules physiques et chymiques une suite nombreuse d'expériences très-intéressantes, par lesquelles il fait voir que les quantités d'air qu'on peut retirer de la chaux, des alkalis fixes et volatils, des chaux métalliques, &c. sont extrêmement considérables.

800. Ce que je viens de dire de l'air

qui se trouve fixé dans les corps, peut également s'appliquer à la matière du feu qui est dans l'état de combinaison; comme le prouvent tous les phénomènes que cette matière produit à mesure qu'elle se dégage des corps dans lesquels elle entroit comme partie constituante. En effet, j'ai fait voir en traitant de la combustion, et ensuite en citant les phénomènes de la fermentation et des effervescences, que le feu qui se dégage de l'état de combinaison, est dans l'instant même de son dégagement, dans un état d'expansion très-manifeste; qu'il s'étend évidemment alors, se dilate considérablement à mesure qu'il devient libre, parce qu'il s'efforce de reprendre son volume et son état naturel, et à perdre par conséquent le très-petit volume sous lequel il se trouvoit amassé en une quantité prodigieuse; et qu'enfin c'est uniquement par l'effet de cette expansion qu'il cause les phénomènes de la chaleur, qu'il dilate les corps, qu'il détruit l'aggrégation des composés en masses solides, et qu'il parvient même à détruire les diverses combinaisons, en séparant les uns des autres les principes qui les constituent: tous phénomènes qu'une simple oscillation des molécules libres du feu n'eût jamais pu produire; oscillation en un mot, jusqu'ici supposée sans preuves, sans vraisemblance, et même sans possibilité physique [130].

801. Aux observations qui nous apprennent que l'air et le feu combinés dans les corps y sont dans un état de modification considérable, qu'ils y sont resserrés sous le plus petit volume possible en une quantité énorme et presque incroyable, et que dans cet état ils sont privés de leurs propriétés naturelles; j'ajoute une autre preuve qui me paroît incontestable et à l'abri de toute objection fondée : elle consiste en ce que, si les composés qui existent avoient tous leurs élémens constitutifs dans leur état naturel et non modifiés, bien certainement la matière la plus pesante de la nature ne pourroit pas être un composé, mais seroit nécessairement une masse de l'élément terreux pur dans l'état d'aggrégation ; puisque de toutes les substances simples qui existent, c'est la terre qui est la plus pesante. Or, cela n'est point ainsi; car, à volume égal, un morceau d'or pèse bien plus qu'un morceau de quartz tout-à-fait transparent, net et sans couleur : cependant tous les faits connus s'accordent

S 4

à prouver que ce dernier n'est point une substance composée, puisqu'elle est indestructible; au lieu que l'or est une matière évidemment composée.

802. Maintenant, s'il est vrai qu'aucun des composés qui existent, n'a tous ses élémens constitutifs dans leur état naturel, et que par l'effet de l'état de combinaison, plusieurs des principes des corps sont nécessairement alors modifiés, comme je viens d'en donner des preuves; je conclus de-là, que les diverses sortes de matières qu'il y a dans la nature, n'ont en elles-mêmes aucune tendance à la combinaison : car aucune sorte de matière ne peut avoir une tendance véritable à s'éloigner de son état naturel, à se détériorer, à se priver des facultés qui lui sont propres, en un mot, à se modifier elle-même. Cela répugne et ne peut jamais être raisonnablement supposé. Il est évident au contraire, que chaque élément, quel qu'il soit, doit tendre nécessairement à conserver toutes les qualités qui sont dans son essence, et par conséquent à rester libre, et non à se modifier pour former un composé.

803. Ce n'est pas tout; non-seulement

les matières simples qui existent, n'ont en elles aucune tendance possible à se modifier pour constituer un composé, mais il est en outre de toute évidence que celles des matières simples qui sont réellement modifiées et privées de leurs qualités naturelles par l'effet de leur état de combinaison, ont alors, par leur propre essence, une tendance manifeste à se dégager des corps qu'elles composent, et à perdre l'état de gêne où elles se trouvent. D'où il suit que comme il n'y a aucun composé qui ne contienne dans sa combinaison, ou de l'air, ou du feu fixé, et le plus souvent l'un et l'autre de ces principes, sur-tout si ce composé est récemment provenu des substances organiques; il est clair que tout composé, quel qu'il soit, a en lui-même une tendance réelle à se détruire.

804. Un regard jetté avec attention sur ce qui se passe continuellement dans notre globe et par-tout sous nos yeux, suffira pour mettre cette vérité dans son plus grand jour, et pour faire appercevoir que cette tendance de tous les composés à leur destruction, n'est point imaginaire.

805. Tout composé qui ne contient plus en lui ce principe étranger à la matière,

principe étonnant, qui seul a la faculté de former directement des combinaisons, et dont nous ferons mention tout-à-l'heure; tout composé, dis-je, qui ne contient plus en lui ce singulier principe, va sans cesse alors en se détruisant par sa propre es- sence, c'est-à-dire, par la tendance natu- relle de ses élémens constitutifs. Ainsi la substance des animaux morts et celle des végétaux qui ont perdu la vie, sont alors livrées à une destruction continuelle qui s'achève plus ou moins promptement, se- lon les circonstances et la nature de ces matières, mais qui est toujours inévitable. La surface entière du globe, le sein des eaux, et toute l'atmosphère, sont le vaste champ où la nature sans cesse détruit toute substance composée, que le principe de la vie ne défend point, ou cesse de main- tenir.

806. Enfin, comme la destruction dont il s'agit, ne s'opère jamais dans un instant indivisible par le dégagement complet de tous les principes combinés devenus libres à la fois, mais s'effectue au contraire par une suite d'altérations successives et va- riées, selon les circonstances; on conçoit qu'à mesure que les proportions des prin-

cipes des composés, sont changées par le dégagement gradué qui s'en fait, il en doit résulter une suite de résidus différens, toujours assujettis néanmoins à la même loi de destruction. En effet, les composés qui proviennent des substances organiques, vont encore eux-mêmes sans cesse en s'altérant; laissent continuellement dégager des quantités plus ou moins considérables de leurs principes les moins fixes; sont perpétuellement transformées par ces altérations renaissantes, en des substances de plus en plus fixes, solides, terreuses ou métalliques, &c. et quoique leur destruction aille toujours en se ralentissant, *en raison directe de leur moins grande quantité d'air et d'eau principes;* elles arrivent à la fin nécessairement au terme de leur destruction complète; terme où les portions des principes qui ont les derniers resté dans l'état de combinaison, parviennent enfin à se trouver parfaitement libres.

807. Ainsi la plus légère attention suffit pour nous faire voir clairement que partout la nature travaille sans relâche à détruire tous les composés qui existent; à rendre aux élémens la liberté qu'il est dans leur essence de tendre à conserver tou-

jours; et enfin à ruiner sans cesse tout ce
que la cause qui produit des combinaisons,
réussit à former de toutes parts.

808. Jettons maintenant un coup-d'œil
rapide sur cette cause puissante, que la nature combat par-tout avec tant d'acharne-
ment, et suivons-la au moins dans les principaux de ses effets.

*Les êtres en qui réside le* principe de la
vie, *ont eux seuls la faculté , par le
moyen des fonctions de leurs organes ,
de former des combinaisons directes ,
c'est-à-dire , d'unir ensemble des élémens libres, et de produire immédiatement des composés.*

809. Nous venons de voir que comme
il n'est aucun composé qui n'ait plusieurs
de ses élémens constitutifs dans un état
de gêne et de modification manifeste, nécessairement la cause qui opère des combinaisons ne peut être dans la nature, c'est-
à-dire, ne peut être une tendance naturelle de la matière à s'altérer pour se fixer
dans les corps. Il faut donc chercher ailleurs cette cause singulière, et je ne doute
pas que ce ne soit uniquement aux facul-

tés du mouvement vital qu'il convienne de la rapporter.

810. Tous les êtres qui font partie du globe que nous habitons, sont évidemment distingués en deux classes générales, et different tellement entre eux à cet égard, qu'ils ne sont même nullement comparables : ce sont les êtres doués de la vie, et tous ceux qui en sont dépourvus.

811. Les premiers jouissent d'un mouvement particulier que je nomme *mouvement vital* ou *organique;* mouvement qui se transmet et se perpétue par les générations; et qui, très-différent, soit du mouvement de masse que les corps peuvent recevoir, soit de celui de fermentation qu'ils sont souvent dans le cas de subir, se propage sans s'affoiblir, quoiqu'il ne puisse subsister dans chaque individu qui en est muni, que pendant un tems limité.

812. Les seconds, qu'on nomme communément *êtres inorganiques,* sur-tout lorsque par une suite de la destruction à laquelle ils sont livrés, ils ne retiennent plus rien de leur première forme ; ces êtres, dis-je, n'ont alors en eux d'autres mouvemens particuliers, que ceux qui peuvent

résulter ou de leur décomposition, ou des impulsions communiquées à leur masse.

813. Maintenant, si l'on examine ce qui arrive sans cesse aux êtres qui sont doués de la vie, on verra que la nature qui tend par-tout à anéantir toute combinaison, ne les excepte pas de la loi commune; et qu'elle fait continuellement subir à leur substance qui est composée, des altérations multipliées et successives; en un mot, des pertes toujours renaissantes Enfin on s'appercevra que tous les efforts de la nature, dans ces êtres comme dans les autres, sont perpétuellement dirigés vers ce seul but; savoir, d'opérer la destruction des composés, quels qu'ils soient, et de rendre aux élémens qui les constituent, la liberté et leurs qualités naturelles, dont ils sont dépourvus dans leur état de combinaison.

814. Mais s'il est vrai que la substance des êtres vivans tende à chaque instant à se détruire par les seuls efforts de la nature, il est en même tems très-vrai que les êtres dont il s'agit, jouissent d'un principe particulier, dont sans doute l'origine et l'essence ne peuvent être assignées physiquement, mais dont les effets manifestes

sont de s'opposer sans cesse aux désordres
que produit la nature, et conséquemment
de réparer les dommages qu'elle cause à
la substance de ces mêmes êtres.

815. En effet, on sait qu'il n'est aucun
être vivant dont la substance ne soit assujettie à des pertes réitérées pendant le cours
de sa vie, et qui n'ait en conséquence un
besoin indispensable de réparation pour
continuer de subsister; mais on sait aussi
que cet être, par l'effet du principe vital
dont il est muni, jouit d'un mouvement
particulier qui constitue en lui des fonctions qu'on nomme *organiques*; et qu'enfin, au moyen de ces fonctions, cet être
a la faculté d'assimiler sans cesse de la
matière à sa propre substance, et de réparer les pertes que la nature lui fait à
tout moment subir.

816. Je n'entrerai ici dans aucun détail
pour constater les pertes que les êtres vivans font dans tous les tems de leur vie,
ni pour prouver qu'il existe en eux, une
cause particulière qui sans cesse répare
ces pertes, quoique plus ou moins complètement, selon des circonstances que j'ai
déjà citées : ces faits sont trop connus et
ne peuvent être contestés par personne.

Mais j'insiste à faire remarquer que la cause qui occasionne dans ces êtres les pertes dont il est question, est vraiment la même que celle qui produit après leur mort la destruction complète de leur substance ; c'est-à-dire, est dans l'un et l'autre cas, la tendance naturelle qu'ont les élémens des corps, à se dégager de l'état de combinaison ; tendance par conséquent qu'on doit attribuer à la nature. Au lieu que la cause qui, dans les êtres vivans, est capable de réparer leurs pertes en assimilant sans cesse de la matière à leur substance, cette cause, dis-je, n'est point dans la nature, c'est-à-dire, n'est point dans l'essence de la matière, puisque d'elle-même la matière ne peut tendre à se mettre dans l'état de combinaison ; mais elle réside évidemment dans le principe de la vie, dans les facultés du mouvement vital, en un mot, dans les fonctions organiques. On sait assez que les fonctions dont je parle, ont non-seulement le pouvoir d'opérer la nutrition, mais même ont la faculté de préparer les matières qui doivent être assimilées. Elles y parviennent, soit en opérant sur des substances composées alimentaires, les changemens nécessaires pour cet objet,

comme

comme cela a lieu dans les animaux; soit en modifiant des élémens libres, et les forçant de subir l'état de combinaison, comme tout semble le prouver dans les végétaux en général.

817. Rien n'est plus important sans doute, que de bien distinguer dans les êtres vivans tout ce qui est le résultat du pouvoir de la vie, d'avec ce qui est produit par la tendance continuelle de la nature; et cette seule considération me semble offrir un champ vaste à la méditation des savans, qu'il seroit peut-être fort avantageux de parcourir. Il est certain qu'il existe dans tous les êtres dont je viens de faire mention, deux forces puissantes, très-distinctes, toujours en opposition entre elles, et se combattant mutuellement sans cesse, de manière que chacune d'elles détruit perpétuellement les effets que l'autre parvient à produire.

818. Mais, comme je l'ai fait voir dans la dissertation précédente, la vie ne pouvant subsister dans chaque individu qui en jouit, que pendant un tems limité, à la fin arrive le terme inévitable où cet individu perd le principe étonnant qui le soutenoit contre les efforts de la cause géné-

rale qui l'entraîne continuellement vers sa ruine, et reste par conséquent alors tout-à-fait à la merci de cette cause, c'est-à-dire, entièrement livré au pouvoir de la nature.

819. Les altérations successives et manifestes que ce même être subit alors jusqu'au terme de sa destruction complète, sans jamais recevoir la moindre réparation; en un mot, les divers degrés de fermentation, de putréfaction et de décomposition qu'éprouve avec le tems sa substance, jusqu'à l'entier dégagement de tous ses principes, prouve bien évidemment que la tendance que j'attribue à la nature, n'est point une chimère, puisque c'est elle seule qui opère tous ces effets, prouve enfin que par-tout où le principe de la vie manque, les substances composées qui sont dans ce cas, se trouvent livrées à une destruction que rien ne peut leur faire éviter; destruction à la vérité plus ou moins prompte, selon que le nombre et les proportions des principes de ces composés, rendent la tendance de la nature plus ou moins effective, mais qui tôt ou tard s'exécute immanquablement.

820. Je passe maintenant à l'examen de

la cause qui forme des combinaisons directes, qui modifie des élémens libres, les
contraint de s'unir plusieurs ensemble, les
combine immédiatement, et donne lieu
par-là à l'existence de tous les composés
qui sont dans la nature.

821. S'il est vrai, comme j'ai osé l'a-
vancer par-tout dans cet ouvrage, qu'aucun des composés qui existent, n'a tous
ses élémens constitutifs dans leur état naturel; si ensuite, par une conséquence sensible de cette considération, la nature ne
peut tendre à former elle-même une seule
combinaison directe, ce que je crois avoir
mis en évidence; il n'y a point de doute
alors qu'il ne faille rechercher la cause des
combinaisons immédiates qui s'opèrent sans
cesse et de toutes parts, dans les fonctions organiques des êtres qui jouissent de
la vie.

822. Mais tous les êtres vivans ont-ils
réellement la faculté de former de pareilles combinaisons; et les différences, au
moins les plus considérables, qui distinguent ces mêmes êtres entre eux, ne peu-
vent-elles point occasionner aussi de grandes différences dans les propriétés de leur
action vitale? C'est en essayant de répon-

dre à ces questions intéressantes, et en consultant les observations relatives à cet objet, que je me suis cru fondé à faire ici une distinction remarquable et à établir la proposition suivante.

*Les végétaux seuls ont la faculté d'unir ensemble des élémens libres, et de former, au moyen de leur action vitale, des combinaisons directes qu'ils assimilent à leur propre substance.*

823. Quoique tous les êtres qui sont doués de la vie, aient réellement beaucoup d'analogie entre eux, puisque tous sont de véritables individus qui se développent et reproduisent leur espèce par le moyen d'organes propres à ces fonctions; que tous ont la faculté de réparer leurs pertes de substance, par la nutrition que l'action vitale opère en eux; que tous, en un mot, sont assujettis à la mort; néanmoins l'immense quantité d'êtres de toute espèce qui jouissent de la vie, et qui semblent animer ou vivifier toute la nature, se divise en deux grandes coupes, bien nettement distinguées entre elles. Ce sont les animaux d'une part, et de l'autre tous les végétaux.

824. Sans m'arrêter à citer ici toutes les différences connues qui éloignent les animaux des végétaux, et empêcheront toujours qu'on ne confonde ces êtres; telles, par exemple, que la *sensibilité* ou la perception interne des impressions extérieures, le *mouvement volontaire*, au moins dans quelques-uns de leurs organes, &c. véritables attributs des animaux, dont tous les végétaux sont manifestement dépourvus; il importe au sujet que je traite de faire en outre remarquer entre ces deux grandes classes d'êtres organiques, une distinction particulière qui mériteroit, à ce qu'il me semble, d'attirer l'attention des savans. Je veux parler de la nature des substances qu'emploient les êtres vivans à leur nutrition; et je crois que cette considération offre entre les animaux et les végétaux, une différence qu'on a négligé de rechercher faute de moyens suffisans pour s'assurer dans les résultats des observations qu'on eût tentées à cet égard.

825. On me dispensera sans doute de répéter ici les motifs qui m'ont fait avancer [413 et suivans], que la nature n'a aucune tendance possible à former des combinaisons directes, c'est-à-dire, à mo-

T 3

difier les élémens et à les forcer de se fixer et de s'enchaîner plusieurs ensemble pour constituer un *composé :* mes preuves à ce sujet sont trop évidentes, et ne me paroissent pas permettre le moindre doute. Je n'insisterai pas non plus à faire voir que les combinaisons que la nature ne fait point et tend même à détruire, l'action de la vie dans les êtres qui en jouissent, parvient clairement à les former : il sera, je crois, très-difficile de contester un pareil principe. Mais si l'action vitale a la faculté de former des combinaisons immédiates, cette faculté, malgré cela, paroît n'être pas le propre de tout être vivant ; car l'action vitale dont il s'agit, a nécessairement des facultés très-différentes dans des êtres très-éloignés par leur nature. Aussi ne sauroit-on douter que cette cause active ne diffère beaucoup dans les animaux, du même principe dont les végétaux sont munis.

826. Maintenant, comme il est très-sûr qu'il s'opère des combinaisons directes par l'action organique, soit dans les animaux, soit dans les végétaux, examinons lesquels de ces deux sortes d'êtres vivans peuvent véritablement y donner lieu.

827. Je ne connois aucun animal qui ait

la faculté de se nourrir avec des substances non composées; en un mot, à qui de
l'eau pure, de la terre, du feu et de l'air
dans le même état pourroient suffire pour
le faire subsister : aussi, j'ose avancer que
tout animal, quel qu'il soit, ne peut se
passer d'alimens d'une nature composée.
L'eau pure qu'un animal boit, lui sert à
faciliter plusieurs des fonctions de ses organes, fournit un véhicule nécessaire à ses
humeurs, &c. mais n'est point, à proprement parler, un aliment qui seul ou con-
jointement avec d'autres élémens pareillement libres, pourroit suffire à sa nutrition.
On sait que les animaux sont doués d'organes propres à la digestion : or, cette
fonction seroit superflue dans des êtres dont
les alimens ne seroient point des substances composées.

828. Ces considérations me portent à
conclure que les animaux, en général, ne
forment point de combinaisons directes,
c'est-à-dire, n'unissent point ensemble des
élémens libres ; puisque les changemens
que l'action vitale exécute en eux, ne
s'opèrent que sur des substances déjà composées, qui sont ensuite employées à leur
nutrition. Il est donc nécessaire de cher-

T 4

cher la cause des combinaisons directes, dans l'action organique des végétaux : or, voyons ce que l'observation nous apprend à ce sujet.

829. Je ne crois pas qu'il y ait un seul fait constaté qui prouve que les végétaux aient besoin de matière déjà composée pour se nourrir; et que la digestion soit, comme dans les animaux, une des fonctions organiques essentielles à ces êtres. Il paroît au contraire, par les observations suivantes, que les êtres dont il s'agit, absorbent vraiment des matières simples, et qu'au moyen de leur action vitale et de l'impulsion de la lumière, ils modifient les élémens, les combinent immédiatement ensemble, et en forment de véritables composés qu'ils assimilent à leur propre substance.

830. On sait qu'un oignon de jacinthe ou de narcisse dont on a déterminé, en le pesant, la quantité de matière qui le constitue, que l'on pose ensuite sur une caraffe, dans laquelle on a mis de l'eau distillée, et que l'on remplit de pareille eau, à mesure qu'elle se vuide; on sait, dis-je, que cet oignon y végète sans languir, et y produit une plante entière, munie de fleurs. Si l'on pèse alors cette

plante, on trouvera la quantité de substance composée qui la forme, beaucoup
plus grande que n'étoit celle de l'oignon:
or, la plante dont il s'agit, a donc, au moyen
de l'eau pure pompée par ses racines,
de l'air qu'elle a absorbé, et du feu en
expansion qui l'a pénétrée; elle a donc,
dis-je, par l'effet de ses fonctions organiques, combiné ensemble ces diverses matières simples, et en a formé des molécules
aggrégatives composées, qu'elle a assimilées à sa propre substance.

831. Peut-être que les végétaux absorbent aussi certaines matières gazeuses dont
l'air atmosphérique paroît rempli presque
en tout tems (1), au moins jusqu'à une

---

(1) A la vérité, l'observation nous apprend qu'à la
suite de toutes les fermentations, putréfactions et effervescences des composés qui se détruisent ou qui subissent des altérations et des changemens dans leur nature; il se dégage de l'état de combinaison divers principes élastiques ou volatils, qui forment, dans l'instant
même de leur dégagement, des composés aériformes
qu'on nomme gaz; et qui s'élèvent dans l'atmosphère
par l'effet de leur moindre pesanteur, se mêlant par-tout
avec l'air commun.

Mais, comme ces gaz et toutes les vapeurs semblables
qui montent dans l'atmosphère, sont des composés là

certaine hauteur, et qu'ils s'en nourrissent.
Mais s'ils absorbent ces matières sans les
décomposer, ce qui n'est pas encore bien
positivement démontré, il me paroît qu'elles
ne leur suffisent pas., et qu'ils absorbent
aussi des matières simples que leur action
vitale sait modifier, fixer et mettre dans
l'état de combinaison.

832. Le fait de la jacinthe dont je viens
de faire mention, n'est point particulier
aux plantes liliacées ; car de semblables
moyens suffisent pour faire végéter des
plantes de familles très-différentes. On sait
que si l'on suspend à l'air un navet par sa
racine, après avoir pratiqué sur le côté de
ce navet, une ouverture que l'on remplit
d'eau pure, et que l'on a soin de renouveller à mesure que le creux se vuide; on
sait, dis-je, que la tige du navet dont il

---

plupart très-imparfaits, dont la tendance à la décomposition est très-effective, et qui, en conséquence, n'y
subsistent pas long-tems sans se détruire; si l'atmos-
sphère en est presque en tout tems remplie, ce ne peut
être que parce qu'il s'en reforme continuellement de
nouveaux, presque sans interruption; de sorte que les
gaz ou vapeurs nouvellement formées, succèdent sans
cesse aux plus anciens qui se détruisent, et les rem-
placent.

s'agit, sort à l'ordinaire, et qu'après s'être recourbée, elle continue de croître par ce seul moyen, et donne même des fleurs. J'ai vu des personnes qui, pour se procurer de la verdure dans leur appartement l'hiver, s'amusoient à élever des pois dans un plat de fayance, dans lequel il n'y avoit que de l'eau pure et du coton pour soutenir les racines.

833. Tous les végétaux pourroient vivre, croître et fructifier dans l'eau pure, si les racines de la plupart, et sur-tout de ceux qui ont une consistance sèche et solide, n'étoient susceptibles de se pourrir trop facilement dans l'eau rassemblée en masse.

834. Il ne faut à ces plantes qu'une légère humidité, mais continuellement entretenue, afin qu'elles puissent pomper à mesure qu'elles en ont besoin, la quantité de principe aqueux qui est nécessaire à leur végétation, Il est indispensable par conséquent, que cette humidité soit formée par des molécules d'eau séparées les unes des autres, et éparses dans des matières qui ont la faculté de les retenir dans cet état; afin que n'étant point réunies en masse, elles n'attendrissent point trop les racines, n'en altèrent point la

substance, et en un mot ne procurent point
la corruption des parties des végétaux qui
s'y trouvent enfoncées.

835. Lorsqu'on met dans un vase rempli d'eau, une fleur munie de son péduncule, ou une branche garnie de fleurs, elle
s'y conserve vivante pendant quelque tems,
y végète et y développe sensiblement les
parties qui sont dans le cas de l'être : mais
comme l'eau corrompt bientôt la substance
qui forme l'extrémité inférieure du péduncule ou de la branche dont il s'agit, alors
dans cet endroit l'organisation se détruit,
les vaisseaux s'oblitèrent, et l'absorption de
la quantité d'eau nécessaire à la végétation
de cette portion de plante, ne se fait plus
suffisamment. Dans ce cas, l'expérience a
appris qu'en coupant l'extrémité corrom-
pue de la branche ou du péduncule de la
fleur en question, on prolongeoit encore un
peu par ce moyen la vie de ce végétal.
J'ai mis, dans des vases pleins d'eau, des
branches d'aubépin dont toutes les fleurs
n'étoient encore qu'en bouton ; ces branches se sont conservées vivantes pendant
trois semaines, et j'ai eu l'agrément d'en
voir développer et épanouir toutes les fleurs
dont l'odeur parfumoit mon appartement.

Les branches dont je parle, absorboient tous les jours une quantité d'eau étonnante; mais à la fin, malgré l'attention que j'avois d'en couper les extrémités corrompues qui étoient dans l'eau, l'organisation s'altéra au point de les faire périr : ce qui ne pouvoit être autrement; la substance de ce végétal, comme celle de beaucoup d'autres, ne pouvant se conserver saine dans de l'eau rassemblée en masse.

836. Les fumiers, les engrais, de quelque nature qu'ils soient, le terreau végétal en un mot, ne sont pas des substances nécessaires à la végétation des plantes, comme leur fournissant des sucs composés particuliers, propres à les nourrir : mais ce sont des matières qui, par leur nature, ont la faculté de retenir facilement l'eau des pluies, des brouillards et des arrosemens, de conserver long-tems cette eau dans le plus grand état de division possible, et conséquemment d'entretenir sans cesse autour des racines des plantes, le degré de fraîcheur et d'humidité qui leur est nécessaire, sans exposer leur substance à se pourrir.

837. Une plante, quelle qu'elle soit, ne pourra pas vivre dans un sable très-pur,

c'est-à-dire, dans un sable formé de particules toutes vitreuses, sans mélange d'aucune substance composée; parce que cette
matière simple ne retient aucune humidité, laisse échapper toute l'eau qu'elle reçoit des pluies ou des arrosemens, et se
trouve par-là hors d'état de fournir au végétal qui y seroit placé, l'eau nécessaire à
l'entretien de sa vie. La stérilité de tous
les lieux dont le sol est un sable pur, confirme assez ce que je viens de dire.

838. Les cultivateurs instruits distinguent
diverses sortes de terres composées, favorables à la végétation, mais qui convien-
nent plus ou moins à telles ou telles espèces de plantes, selon la nature et la consistance de la substance propre de ces
plantes. Ils donnent le nom de *terre franche*, à une terre onctueuse, tenace, peu
colorée, et qui n'est qu'une argille presque
tout-à-fait pure. Dans cet état, cette terre
ne convient pas à un très-grand nombre
de végétaux, parce qu'elle se sèche et se
durcit trop aisément : mais cette terre
franche, mêlée avec une partie de craie
friable et environ deux parties de terreau
bien consommé, forme un fonds avantageux
à beaucoup de plantes en général. Les cul-

tivateurs donnent le nom de *terre de bruyè-res*, à un mélange exact de deux parties de terreau végétal presque noir, avec une partie de sablon fin. Cette terre constitue un fond léger, frais et jamais trop entassé, à cause du sable qui la divise sans s'y unir. Elle convient à beaucoup de plantes et d'arbustes difficiles à élever, et aussi à nombre de grands arbres; mais un sol de cette nature ne se conserveroit pas long-tems, s'il étoit exposé entièrement à l'action du soleil. On doit toujours l'en garantir en lui procurant un peu d'ombre.

83g. Il seroit ici hors de propos de grossir ces détails et de rapporter toutes les observations que j'ai faites à ce sujet, quoiqu'elles concourent toutes à confirmer mon opinion : j'aurai occasion ailleurs d'en faire plus amplement mention, et d'en faire connoître les applications marquées à mes principes. C'est pourquoi je me borne maintenant à exposer l'idée principale qui a rapport à mon objet ; savoir, qu'au moyen d'une argille non sablonneuse, on donne à un sol trop léger, trop divisé et qui laisse filtrer trop facilement l'humidité qu'il reçoit, la consistance nécessaire pour les végétaux qu'on destine à y faire croître; qu'au

moyen de la craie bien tendre et même de
la chaux, on adoucit un sol trop argilleux,
trop tenace et qui se durcit trop à l'action
du soleil ; qu'au moyen d'un sable bien fin,
on rend plus léger un sol qui ne se laisse
pas assez facilement ou pas assez également
pénétrer par l'humidité que donnent les
brouillards, les rosées, les pluies, &c. En
un mot, qu'au moyen des débris récens et
consommés de matières organiques, c'est-
à-dire, d'un terreau bien coloré et noirâ-
tre, on procure aux divers sols que je viens
de citer, une humidité plus constante,
toujours extrêmement divisée, et favorable
aux plantes les plus délicates : mais dans
tous ces cas, ce ne sont jamais des alimens composés qu'on communique aux végétaux. On sait que dans le même sol, des
plantes qui diffèrent le plus par la nature
de leur suc, y croissent également bien.
Enfin, je ne balance pas à dire que dans
chacun de ces cas on ne fait autre chose
que procurer aux plantes un degré d'humidité convenable à leur végétation, et qui
en même tems est incapable de corrom-
pre les parties de leur substance, qui s'y
trouvent exposées.

840. Si l'on rapproche tous les faits et
les

les observations que je viens d'exposer, on conviendra, je crois, que toutes les inductions possibles sont en faveur de ma proposition ; savoir , que les végétaux seuls ont la faculté d'unir ensemble des élémens libres, et de former, au moyen de leur action vitale , des combinaisons directes qu'ils assimilent à leur propre substance; on sentira que les végétaux ne font point usage d'alimens composés, à moins que ce ne soit des matières gazeuses, s'il est vrai qu'ils en absorbent sans les décomposer; et qu'ils sont dépourvus d'organes destinés à la digestion, parce qu'ils n'ont point d'aggrégation à détruire dans ce qui leur tient lieu d'alimens; rien ne pouvant être absorbé, soit par leurs pores, soit par les extrémités capillaires de leurs racines, qui ne soit dans le plus grand état de division possible.

841. Enfin toutes ces inductions se changent bientôt en véritables preuves, lorsque l'on considère que la nature ne peut former immédiatement une seule combinaison, et que par-tout au contraire elle donne des marques sensibles d'une tendance réelle à détruire tous les composés qui existent: lorsque l'on voit ensuite que l'action orga-

nique des êtres vivans s'oppose sans cesse
aux destructions qu'opère la nature, et que
cette même action répare continuellement
les désordres que cause cette dernière puissance ; en un mot, lorsqu'il est de toute
évidence que la cause capable de former
immédiatement des combinaisons, ne peut
être cherchée que dans l'action vitale des
êtres qui en sont munis; et qu'en même
tems on a des preuves certaines que parmi
ces êtres, les animaux n'ont point cette
faculté; puisque les changemens qu'opèrent les fonctions de leurs organes, ne
s'exécutent toujours que sur des substances
déjà composées.

842. Il est donc clair, d'après ces considérations, que les végétaux different essentiellement des animaux, non-seulement
par les caractères déjà reconnus des naturalistes, mais en outre par la propriété
très-remarquable de combiner ensemble des
élémens libres, et d'être la cause première
de tous les composés qui existent dans
notre globe.

843. Une vue presque entièrement semblable à celle que j'établis, vraiment philosophique, et qui ne peut être que le
fruit de beaucoup d'observations et de mé-

ditations profondes, se trouve exposée de la manière suivante, dans la Chymie expérimentale de Baumé. « Les végétaux, dit-il, » sont des corps organisés qui croissent à » la partie sèche du globe et dans l'intérieur des eaux. Leur fonction est de combiner immédiatement les quatre élémens, » et de servir de pâture aux animaux. Les » uns et les autres sont employés par la » nature à former toute la matière combustible qui existe ». *Avertissement, p. 10, tome I.*

844. On rencontre encore cette belle idée exprimée dans divers autres endroits de la Chymie de ce savant, et particulièrement dans le discours plein de génie qui a pour titre : *Vues générales sur l'organisation intérieure du globe, et sur la formation des mines et des métaux.* Chymie expér. tome III, page 301.

845. J'ai osé, malgré cela, m'écarter du sentiment de cet habile chymiste en quelques endroits, me fondant sur des observations très-importantes auxquelles il me semble n'avoir pas fait attention. En effet, Baumé pense que les élémens ont une grande disposition pour s'unir les uns avec les autres ; et en général il croit que le

V 2

principal emploi des êtres organiques est
de former ce qu'il appelle *matière combustible* ou *phlogistique*, et qu'ensuite la
nature travaille à produire toutes sortes de
combinaisons, en fournissant ce principe
combustible aux sels, aux soufres, aux bitumes, aux minéraux métalliques, et généralement à tous les composés qui contiennent peu ou beaucoup de substance inflammable. En un mot, Baumé regarde la
nature comme une puissance qui tend à
faire des combinaisons, et qui, selon lui,
en fait effectivement, quoique ce ne soit
pas toujours avec des élémens libres. Ces
idées peuvent être très-vraies, mais elles
ne sont point du tout les mêmes que celles
que je me suis cru autorisé à admettre.

846. Aussi, je le répète, non-seulement
la nature ne me paroît avoir aucune tendance à former des combinaisons, soit avec
des élémens libres, soit avec des composés ; mais même elle tend sans cesse à opérer la destruction de tous les composés,
soit qu'ils appartiennent aux êtres organiques, soit qu'ils n'y appartiennent nullement. Et c'est par un effet de cette tendance à tout détruire, qu'elle occasionne
les diverses sortes de minéraux qui exis-

tent, comme je vais tâcher de le mettre en
évidence.

## CONCLUSION DE CET ARTICLE.

847. On ne sauroit disconvenir en général, que ce que j'ai rapporté dans cet
article , ne mérite vraiment qu'on y ait
égard : j'y ai présenté des points de vue
qu'on n'a point encore examinés, et qui
peuvent être féconds en nombre de conséquences fondées et importantes. J'ai pu
sans doute me tromper dans les résultats
que j'ai tirés de mes observations : mais
je demande à quiconque a jamais médité
sur l'ensemble des phénomènes que la nature nous présente de toutes parts, comment pourra-t-il nier l'existence dans tous
les composés quelconques, de la cause si
marquée qui les précipite tous dans une
destruction inévitable, puisque cette destruction est par-tout manifeste? Où sont
en effet dans la nature les composés qui
ne sont point soumis à cette cause universelle de décomposition , cause dont l'essence réside dans les principes mêmes qui
constituent ces substances? Quoi! parce
que dans les altérations successives que

subissent toutes les matières composées, le
tems qu'elles emploient à se détruire, n'est
point le même dans toutes ; mais varie,
parce qu'il dépend et de leur nature, et
des circonstances dans lesquelles se trouvent ces matières ; se croira-t-on par-là
fondé à prétendre qu'il est un terme où
ces composés cessent totalement de tendre
à s'anéantir, en un mot, où leurs principes ne tendent plus à se dégager?

848. La tendance qu'ont tous les composés à leur destruction , est, à la vérité,
d'autant moins effective, qu'ils sont plus
denses, qu'ils contiennent plus de matière
fixe, et qu'ils sont moins remplis de principes modifiés : ainsi, tous les fluides d'un
animal qui a perdu la vie, se décomposent plus rapidement que sa chair ; cette
chair se détruit elle-même avec plus de
promptitude que les os ; ceux-ci ensuite
sont décomposés en moins de tems que les
craies auxquelles leurs débris peuvent donner lieu ; enfin les craies elles-mêmes s'altèrent avec plus de vîtesse que les marbres :
tous ces faits sont constans. Mais comme
les principes modifiés ne sont jamais nuls
dans tel composé, que ce soit, la tendance
dont je viens de parler, subsiste en eux

nécessairement jusqu'à leur entière destruction, et ne differe dans chaque substance que par plus ou moins de lenteur à
s'effectuer.

849. Maintenant, si tous les composés
quelconques conservent en eux jusqu'au
terme de leur anéantissement complet, la
cause même de leur destruction; si enfin
toute combinaison, quelle qu'elle soit, s'altère continuellement et se trouve entraînée
nécessairement vers sa ruine, quoique dans
des espaces de tems plus ou moins longs;
pourquoi, depuis que le monde subsiste,
tous les élémens n'ont-ils pas encore par-
tout recouvré leur liberté? Comment se
fait-il que la somme des composés qui existent, ne paroît nullement diminuée? Il
règne donc une puissance continuellement
active, qui, malgré la tendance dont je
viens de faire mention, parvient à en former sans cesse?

850. Je ne crois pas que personne soit
jamais tenté de nier l'existence de cette
dernière cause; elle se manifeste avec trop
d'évidence. Mais où doit-on la chercher,
si ce n'est dans les fonctions vitales des
êtres qui composent eux-mêmes leur substance?

V 4

851. Qu'entend-on en effet par développement et par nutrition dans les êtres
organiques ? Les animaux, par exemple,
trouvent-ils dans la nature la substance
toute formée qui constitue leur chair, leur
os, leur sang et leurs autres humeurs? les
végétaux y trouvent-ils aussi toutes prépa-
rées les matières qui forment leurs fibres?
y prennent-ils leurs sucs propres, leurs
huiles, leurs gommes, leurs résines, &c.?
Les êtres vivans ne feroient donc que recueillir ces substances, à mesure qu'ils en
auroient besoin? Enfin, ce seroit donc en
cela uniquement que se réduiroient toutes
les fonctions de leurs organes ?

852. Or, qu'est-ce qui ne sentiroit pas
le peu de fondement d'une pareille opinion,
si quelqu'un cherchoit à l'établir ? Certainement tous les êtres doués de la vie forment sans cesse eux-mêmes, par le moyen
de l'action de leurs organes, des combinaisons qu'ils assimilent à leur propre substance, combinaisons qui n'eussent jamais
existé sans ces êtres. Les uns sans doute
forment directement les combinaisons dont
ils sont la cause, car aidés par l'action de la
lumière, ils unissent ensemble des principes
auparavant libres ; tandis que les autres n'o-

pèrent celles auxquelles ils donnent lieu, qu'en changeant les proportions des principes de composés préexistans : mais chez les uns et les autres, les composés qui en proviennent immédiatement, sont dus *à une véritable formation,* et ne sont point le résultat d'une simple altération de substance composée.

853. La nature et l'art, comme on le sait, parviennent à produire du soufre ; tous deux y réussissent par des procédés sans doute différens ; tous deux cependant ne le font qu'en altérant des composés déjà existans, et non en combinant ensemble des principes auparavant libres, ni même par le moyen d'une formation directe.

854. Mais ni l'art, ni jamais la nature, ne pourront former soit du sang, soit du lait, soit de la graisse, soit de la chair, &c. en un mot, ne produiront jamais ni gomme, ni résine, ni mucilage, ni substance végétale, quelle qu'elle soit. Sans des êtres doués de fonctions organiques, et par conséquent munis de la faculté de former de véritables combinaisons, et de composer eux-mêmes leur propre substance, jamais toutes les matières dont je viens de faire mention n'eussent existé. Il me paroît aussi

impossible à la nature elle-même, c'est-à-dire, aux élémens munis de toutes leurs propriétés et supposés dans telles circonstances que l'on voudra, de former une feuille de chêne, un pétale de rose, ou le suc gummo-résineux de l'aloës, qu'il l'est au néant de donner l'existence à la matière. Enfin, comme tous les composés qui ne proviennent pas immédiatement des êtres organiques, c'est-à-dire, qui n'ont pas, comme tels, constitué la substance même de ces êtres, ne sont que les résultats des altérations qu'ont subies successivement les combinaisons formées par les êtres vivans, ce que je vais essayer de prouver dans l'article qui va suivre, il en résulte que sans les êtres organiques, aucun des composés qui s'observent dans notre globe, n'eût jamais existé.

## ARTICLE II.

*Tous les composés qui constituent le règne minéral, et tous ceux que la chymie réussit à obtenir par ses opérations, n'existoient pas auparavant dans les substances dont ils proviennent, et ne sont point dus à une formation directe : mais ce sont des résultats, des altérations qu'ont subis d'autres composés préexistans.*

855. Je sens assurément à quelle critique je m'expose en osant établir au commencement de cet article, une proposition aussi contraire à l'opinion générale, que celle dont il s'agit ici; je sens en outre, qu'en supposant que cette proposition soit aussi fondée qu'elle me paroît l'être, il faudroit, malgré cela, pour la mettre dans un jour capable non-seulement d'en faire appercevoir l'évidence, mais même de lui obtenir l'attention des savans, des talens bien supérieurs à mes facultés à tous égards : aussi ai-je moins en vue d'entraîner le suffrage de tous ceux qui daigneront lire ces écrits, que de faire naître à quelqu'un

l'envie de se charger lui-même d'une tâche dont l'objet me paroît de la plus grande importance.

856. S'il est quelque partie de nos connoissances où les savans qui la cultivent, même ceux dont le mérite est le plus généralement reconnu, soient tout-à-fait partagés entre eux dans les points les plus importans de la théorie qu'ils établissent, c'est sans doute la chymie considérée dans son état actuel : en effet, quoique tous les savans qui se livrent à l'étude de cette belle science, se donnent des peines infinies pour déterminer les causes particulières des faits nombreux que l'expérience fait à tout moment connoître ; au lieu de voir résulter de tant de recherches un accord général sur les causes que l'on doit admettre, il semble que la diversité d'opinion croisse sans cesse en raison même du nombre de ceux qui s'adonnent à ces travaux. Mais si, sur la nature des causes immédiates de tous les faits qu'on observe, les savans varient tant entre eux, c'est, je crois, moins à l'insuffisance des efforts qu'ils font pour découvrir la vérité, qu'il faut attribuer ce peu de succès, qu'à l'influence même de certaines opinions géné-

rales, d'après lesquelles ils partent continuellement sans jamais en examiner la solidité.

857. On est en effet dans l'habitude de
penser qu'il existe répandu dans les divers corps de la nature, un acide particulier qu'on nomme *phosphorique*, ou un
autre qu'on appelle *vitriolique*; ou en un
mot, un acide nitreux, un acide marin, un
acide saccarin, &c. On dit communément,
par exemple, que le soufre contient de
l'acide vitriolique; que les pyrites proprement dites, renferment du soufre, du fer
et du zinc; que la galène contient du plomb,
de l'argent et du soufre; que les matières
calcaires contiennent un gaz méphitique;
que l'urine contient de l'acide phosphorique; que le sang contient du fer; que les
végétaux contiennent de l'or, quoiqu'en petite quantité, &c. &c.

858. Or, si cette supposition générale
qui admet comme *préexistantes*, toutes les
substances qu'on obtient des composés dont
on change les proportions des principes,
en faisant subir à ces composés diverses
sortes d'altérations; si cette supposition,
dis-je, se trouvoit réellement fausse, comme
je crois qu'on en conviendra un jour;

qu'est-ce qui ne sent pas combien alors elle doit influer sur toutes les conséquences que l'on tire des faits qu'on observe, et à combien de systêmes et de vaines hypothèses elle doit donner lieu?

859. Je suis bien éloigné certainement de vouloir que les physiciens et les chymistes abandonnent, sur ma parole, leur sentiment, leur manière de voir, et en un mot, la route qu'ils suivent dans leurs recherches; je ne suis pas assez dénué du sens commun pour former une prétention aussi ridicule : mais si j'étois assez heureux pour les engager à méditer eux-mêmes sur le fondement des premières suppositions, d'où sans inquiétude ils partent tous en général, je croirois avoir utilement employé mon tems.

860. Tout ce que mes facultés me permettent d'entreprendre sur l'important objet dont il est ici question, se réduit à développer dans cet article quelques propositions que je crois très-fondées, qui au moins méritent d'être attentivement examinées, et qui peut-être pourront contribuer à ramener les choses sous le véritable point de vue d'après lequel il me semble qu'on doit les considérer en général.

Voici la première :

*L'essence d'un composé, quel qu'il soit,
réside uniquement dans la nature même
de la molécule aggrégative ou essentielle
de ce composé, et non dans l'état des
masses que plusieurs de ces molécules
peuvent former par leur aggrégation.*

861. Nous ne voyons par-tout que des
masses de matière; car nos sens sont beaucoup trop grossiers, pour que nous puis-
sions jamais appercevoir une molécule aggrégative seule, d'un composé quelconque.

862. J'appelle *molécule aggrégative*, la
masse de matière composée qui résulte directement de l'union d'une certaine quantité de principes, lesquels combinés dans
de certaines proportions, constituent essentiellement cette matière. Or, il suit de-là
que si l'on change la moindre chose dans
les proportions des principes réunis dont
je viens de parler, alors la nature de la
matière dont il s'agit, n'est plus la même.

863. Je suppose, par exemple, qu'une
molécule *essentielle* de soufre soit constituée par une molécule intégrante de terre,
six molécules d'eau, cent molécules d'air

et mille molécules de feu, toutes combinées ensemble en une petite masse dont
le volume, quelle qu'en soit la forme, n'ait
qu'un $\frac{100}{1000}$ de ligne dans son plus grand
diamètre; je suppose, dis-je, que ce soient
là les proportions des principes qui constituent le soufre, et on sent bien que je
ne prétends pas les déterminer ; mais si
c'étoit là elles, je dis que le moindre changement dans ces proportions, ne pourroit
pas avoir lieu sans détruire la nature du
soufre.

864. Or, la petite masse dont je viens
de parler, est ce que je nomme *molécule
aggrégative de soufre :* elle est imperceptible à nos sens à cause de son extrême
petitesse, mais c'est uniquement dans la
nature de cette petite masse de matière
que réside essentiellement ce qui constitue le soufre. En effet, l'aggrégation ensuite de mille ou d'un million de ces molécules réunies par l'attraction en une masse
sensible, ne change en rien la nature de
ce composé; comme la plus grande division mécanique, opérée sur cette masse,
ne peut altérer aucunement la nature de
cette matière, vu qu'elle n'agit qu'en détruisant jusqu'à un certain point l'aggrégation

gation de ses molécules. On sait assez que la plus petite parcelle de soufre qu'il est possible de distinguer, et une très-grosse masse de cette matière ne sont pas des substances différentes. Au lieu qu'une molécule aggrégative ou essentielle de soufre ne peut subir la moindre division de sa masse, sans nécessairement changer de nature.

865. Tout ce que je viens de dire à l'égard d'un morceau de soufre, peut également s'appliquer à un morceau de galène, ainsi qu'à mille autres sortes de matière dont toutes les molécules aggrégatives sont de même nature. En effet, tant que l'on n'emploiera que des moyens mécaniques, quelque division que l'on fasse subir à un morceau de galène, la plus petite particule qu'il sera encore possible d'appercevoir, sera toujours de la galène véritable, parce que tous les moyens mécaniques qu'il est au pouvoir de l'homme d'employer, n'opèrent que des ruptures d'aggrégation, et ne séparent jamais des principes combinés.

866. Nos moyens mécaniques de diviser les corps, sont même tellement grossiers,

*Tome II.* X

[et on conçoit qu'ils sont relatifs à la délicatesse de nos sens], qu'ils ne sont pas même capables de détruire complètement l'aggrégation qui existe entre les molécules d'une substance en masse solide. Que l'on écrase, par exemple, un morceau de soufre, qu'on le broie et qu'on le pulvérise le plus qu'il sera possible, la plus petite parcelle de soufre que l'on pourra alors distinguer, n'en sera pas moins encore une masse de plusieurs molécules conservant leur aggrégation. La considération suivante servira de preuve à ce que j'avance.

867. L'attraction, comme je l'ai déjà dit [page 19], est la véritable cause de l'aggrégation qui constitue toutes les masses solides des corps ; et sans cette cause évidente, toute matière quelconque seroit ou fluide ou en poussière, ayant ses molécules toutes détachées et impalpables. Cela auroit ainsi lieu, parce que les molécules intégrantes des matières simples et les molécules aggrégatives des composés, resteroient libres et ne s'aggrégeroient point entre elles, pour former des masses communes. Mais, comme l'attraction est une loi générale et une cause toujours active,

il est clair que tout dans la nature tend sans cesse à l'aggrégation.

868. Cependant l'aggrégation dont je parle, ne réussit à s'effectuer que dans un seul cas; ce qui est bien important à remarquer: en effet, elle ne s'opère jamais qu'entre des molécules qui sont alors [toutes, ou au moins celles qui s'aggrègent] libres.

869. On en concevra facilement la raison, si l'on fait attention que les molécules, soit intégrantes, soit aggrégatives, étant vraiment les plus petites parties des corps, sont de toutes les masses de matière possibles, celles qui sont capables de s'approcher davantage entre elles : or, comme l'attraction qui s'exerce entre deux masses de matière, est d'autant plus grande, que leur distance entre elles est moins considérable; ce n'est que dans le degré d'approchement dont sont susceptibles les plus petites parties des corps, que la force d'attraction devient suffisante pour les contraindre de rester appliquées les unes contre les autres, et de constituer une masse commune; ce en quoi réside la véritable aggrégation. J'en vais donner des preuves par la citation de faits bien connus.

X 2

870. Si l'on réduit un morceau de soufre en poudre impalpable par telle opération mécanique que l'on jugera à propos d'employer; l'opération étant finie, l'aggrégation ne se rétablit point, et la matière se conserve alors dans l'état où on l'a mise en la pulvérisant. Or, je prétends que ce fait n'a lieu que parce que l'opération dont il s'agit, n'a pas détruit complètement l'aggrégation, mais n'a effectué qu'une division assez grossière, pour que les plus petites particules de la poudre en question, soient encore des masses de plusieurs molécules aggrégées entre elles ; ce qui est cause qu'elles ne peuvent point suffisamment s'approcher pour s'appliquer de nouveau et reconstituer une seule masse.

871. Mais si, au lieu de diviser une masse de soufre par des moyens mécaniques, on détruit l'aggrégation de cette masse, en l'exposant dans un vaisseau à l'action du feu, jusqu'à ce que la fusion s'accomplisse; n'est-il pas évident alors que le feu qui a pénétré la masse dont il s'agit, s'est également insinué entre chacune de ses molécules aggrégatives, et les a toutes écartées les unes des autres, sans laisser aucun grouppe de molécules encore aggrégées,

comme dans le cas précédent? Or, la fusion
n'étant autre chose que la destruction complète de l'aggrégaton des molécules d'un
corps, il est clair qu'à mesure que le feu
en expansion qui cause l'écartement des
molécules d'une matière liquéfiée se dissi-
pera, ces molécules alors toutes libres obéi-
ront à la force de l'attraction, et pourront
de nouveau s'approcher suffisamment les
unes des autres, pour se rétablir dans leur
état d'aggrégation, et constituer encore
une masse solide; comme cela arrive en
effet dans tout refroidissement qui succède
à la fusion.

872. Ce qui prouve que c'est par un reste
d'aggrégation subsistante, que le soufre le
mieux pulvérisé ne se rétablit point ensuite
en une masse solide, c'est que si l'on expose cette même poudre à l'action du feu
dans un vaisseau jusqu'à ce qu'elle soit en
fusion, alors l'aggrégation qui subsiste encore dans les grouppes de molécules de
cette poudre, achève totalement de se détruire, et au refroidissement qui succède,
toutes les molécules redeviennent capables
de reconstituer une masse solide.

873. Le principe important que je viens
d'exposer, doit être appliqué à toute ma-

X 3

tière quelconque, susceptible d'aggrégation : et on peut regarder, je crois, comme
certain que toute division mécanique opérée sur une masse solide, quelle qu'elle
soit, ne détruit jamais complètement l'aggrégation des molécules qui forment cette
masse ; et que c'est par cette raison que
les produits des divisions mécaniques ne
sont plus susceptibles de reconstituer leur
première masse commune.

874. Maintenant on conçoit que la nature d'un composé ne réside point du tout
dans la quantité de molécules qui par leur
aggrégation forment des masses plus ou
moins volumineuses; mais consiste uniquement dans la molécule même essentielle à
ce composé ; molécule qui est constituée
par la réunion d'un certain nombre de
principes combinés ensemble dans de certaines proportions; molécule enfin qui ne
peut pas éprouver le moindre changement
soit dans le nombre, soit dans les proportions de ses principes, sans aussi changer
de nature, et sans constituer ensuite un
autre composé.

875. Quant à l'aggrégation dont l'attraction seule est la cause, et qu'elle réussit à
opérer, lorsque les molécules essentielles

des corps sont libres, il est facile de sentir que cette aggrégation peut être effectuée entre des molécules toutes de même nature, et aussi entre des molécules de diverses sortes ; pourvu, comme je viens de le dire, que les molécules qui s'aggrègent, soient entièrement libres, et par conséquent susceptibles d'un degré d'approchement capable d'y donner lieu.

876. Ainsi les masses sensibles des corps étant formées par l'aggrégation de plusieurs molécules, peuvent être vraiment homogènes, comme elles peuvent être aussi décidément hétérogènes : mais dans l'un et l'autre cas, chacune des molécules qui forment ces masses, sont nécessairement toujours de petites masses de matière composée d'une seule nature, et ne sont jamais des composés hétérogènes, ce que nous allons tâcher de faire voir.

*Il n'y a point de composé hétérogène dans
la nature : mais les masses de matière
qui s'y trouvent, pouvant être formées
ou par l'aggrégation de molécules toutes
de même nature, ou par celle de plusieurs sortes de molécules ; ces masses
sont homogènes dans le premier cas, et
hétérogènes dans le second.*

877. On ne sauroit douter que la cause
qui opère des combinaisons, ne soit très-
différente de celle qui donne lieu à l'aggrégation qui constitue les masses solides
des corps : nous croyons en avoir donné
des preuves dans notre dissertation sur l'affinité chymique.

878. La première cause fait ses opérations, pour ainsi dire, contre le vœu de
la nature, ou, ce qui est la même chose,
contre l'essence de la matière; puisqu'elle
modifie les substances qu'elle emploie ou
au moins celles qui peuvent l'être, et les
met alors dans un état de gêne qui les
prive de leurs facultés naturelles. Or,
comme cette cause ne parvient à opérer
qu'en vainquant les résistances qu'opposent
les principes qu'elle fixe et enchaîne ainsi,

il est évident que ces principes, qui sont indestructibles par leur nature, tendent alors continuellement à se dégager de cet état, et qu'en conséquence les produits de la cause dont il est question, ont par leur propre essence une tendance à se détruire toujours subsistante.

879. La seconde cause, au contraire, c'est-à-dire, celle qui donne lieu à l'aggrégation des corps en masses solides, ne modifie nullement les matières qu'elle emploie dans ses opérations : elle consiste, comme on sait, dans une tendance au plus grand rapprochement possible, qu'elle communique à tous les corps quels qu'ils soient, sans avoir besoin de changer leur état. Et comme cette cause n'a aucune résistance à vaincre lorsqu'elle agit, ses produits n'ont aucune tendance à se détruire ; ce qui est entièrement conforme à l'observation, et prouve bien le fondement de la distinction que j'ai établie entre ces deux causes.

880. En effet toute masse sensible, formée par des molécules aggrégées, ne perd jamais son aggrégation sans cause extérieure, à moins que ses molécules ne changent de nature : tandis que toute molécule libre et susceptible d'aggrégation, effectue

toujours avec d'autres corps, l'aggrégation dont elle est capable, sans éprouver de résistance, tant qu'elle conserve sa nature. Ainsi, par exemple, les molécules calcaires tout-à-fait libres que certaines eaux charrient, s'aggrègent toujours en se déposant, et forment les masses solides qu'on nomme ou *concrétions*, ou *incrustations*, ou *stalactites*, selon les diverses circonstances qui accompagnent leur aggrégation. Cette aisance enfin, avec laquelle les molécules libres s'aggrègent sans éprouver de résistance, a lieu pour toutes sortes de matières; et l'on sait assez que sans elle, les crystallisations ne s'opéreroient point.

881. Maintenant, s'il est vrai que la cause qui produit des combinaisons de principes, soit tout-à-fait distinguée de celle qui occasionne l'aggrégation des molécules des corps en masses solides; il est clair que les effets que peuvent produire ces deux causes, ne doivent jamais être confondus. Or, la cause qui produit des combinaisons, ne donne jamais lieu qu'à *des composés simples;* car la nature de chaque composé réside uniquement dans la molécule essentielle de ce composé; et cette molécule n'est elle-même qu'un assemblage de prin-

cipes combinés ensemble dans de certaines proportions, et non un mélange de plusieurs sortes de molécules composées. Au lieu que la cause qui donne lieu à l'aggrégation, agit aussi bien sur des molécules composées de diverses sortes, que sur celles qui sont toutes de même nature. Celle-ci par conséquent peut produire des masses solides hétérogènes, lesquelles ne sont que des mélanges de diverses sortes de molécules dans l'état d'aggrégation, comme elle peut aussi occasionner des masses solides homogènes, lorsque les molécules qu'elle aggrège, sont toutes de même sorte.

882. Mais il est bien important de ne jamais confondre ce qui est *mélange*, avec ce qui est *combinaison véritable*. Je vais donner de nouvelles preuves de la nécessité de cette distinction, et achever de caractériser les deux causes dont il s'agit.

883. Si l'on fait entrer en fusion un morceau d'or avec un morceau d'argent, ces deux matières étant liquéfiées, ont alors chacune toutes leurs molécules aggrégatives très-libres, et par l'effet de l'agitation que le feu en expansion communique au liquide, toutes ces molécules se mêlent

très-exactement ensemble. Or, je dis que
la masse solide qui se forme ensuite par
le refroidissement, n'est point un nouveau
composé, mais une matière hétérogène,
constituée par un mélange de deux sortes
de molécules aggrégées en une seule masse.

884. En effet, on sait que la fusion d'une
substance ne constitue pas nécessairement
sa décomposition, mais n'est véritablement
que la destruction complète de l'aggrégation de ses molécules. Si l'on eût fondu
le morceau d'or à part, la masse solide
qui se seroit rétablie après le refroidissement, n'eût été, comme auparavant, que
de l'or dans le même état ; et la même
chose seroit arrivée au morceau d'argent
fondu aussi à part. La fusion de ces deux
matières ne les a donc point décomposées,
mais a donné lieu à un mélange de leurs
molécules, lorsqu'au refroidissement, l'aggrégation en une seule masse solide s'est
établie.

.885. Il est tellement vrai qu'il n'est résulté qu'un simple mélange des molécules
d'or avec les molécules d'argent après la
fusion commune de ces deux matières ensemble, que si l'on réduit la masse solide
formée par ce mélange, en lames très-

minces, et que l'on fasse ensuite bouillir
ces lames dans de l'eau forte [comme cela
se pratique dans l'opération du départ,
avec certaines attentions], les molécules
d'argent bientôt se dissolvent, et l'or reste
tout-à-fait intact. Or, cela n'arriveroit point
si la masse solide en question étoit d'une
seule nature.

886. Ce seroit donc confondre les choses
les plus différentes, que de dire, par exemple, que de même que la masse dont nous
venons de parler, est une matière formée
par l'union de l'or avec l'argent; de même
aussi le soufre est une matière formée par
l'union du phlogistique avec de l'acide vitriolique. Dans le premier cas, en effet,
il existe un mélange réel de deux composés différens, qui chacun ont leurs molécules essentielles aggrégées en une masse
commune par l'effet de l'attraction : mais
dans le second cas, toutes les molécules
sont de même nature, et non de deux
sortes ; chacune d'elles est un composé
très-simple, homogène conséquemment, et
formé par une certaine quantité de principes combinés ensemble dans de certaines
proportions. Or, ce composé est ce que
nous appellons *soufre ;* et c'est une erreur

manifeste que de dire qu'il contient deux
composés différens; en un mot, qu'il contient de l'acide vitriolique et du phlogistique.

887. Il n'y a point de doute que l'acide
vitriolique soit lui-même un composé, qui,
comme tous les autres, a ses molécules essentielles. Maintenant, je dis que si les
molécules de l'acide vitriolique se trouvoient unies dans le soufre, avec les molécules du prétendu phlogistique, chacun
de ces composés particuliers jouiroit de ses
propriétés, aussi-tôt que l'aggrégation seroit complètement détruite.

888. Cependant la destruction la plus
complète de l'aggrégation des molécules
qui forment une masse de soufre, ne fournit pas le moindre indice de la présence
de l'acide vitriolique; et ce n'est qu'en
détruisant la nature même du soufre, et
en changeant les proportions des principes de ce composé, qu'on parvient à obtenir une autre sorte de combinaison qu'on
nomme *acide vitriolique*.

889. J'ai déjà dit à ce sujet et pour
preuve, que si l'on pulvérise autant qu'il
sera possible, un morceau de soufre, et
qu'on jette cette poudre impalpable dans

de l'eau, même dans de l'eau bouillante,
cette eau n'en acquerra néanmoins aucun
principe acide : j'ajoute ici que l'aggrégation la plus complètement détruite par
la fusion, et on sait que ce moyen ne
permet à aucune molécule de conserver la
moindre aggrégation avec d'autres, ne donnera point encore des résultats différens;
car du soufre liquéfié et versé dans de l'eau
bouillante, ne lui offre aucun acide à dissoudre.

890. Or, si le soufre étoit un composé
de molécules acides-vitrioliques, unies avec
des molécules phlogistiques, comment se-
roit-il possible que cet acide qui se dissout dans l'eau avec une promptitude étonnante, ne se rendît aucunement sensible
dans les cas dont je viens de parler; puisque l'aggrégation de toute molécule étant
parfaitement détruite par la fusion, comme
on n'en peut douter, ces molécules doivent jouir alors de toutes les propriétés
qui caractérisent leur nature ?

891. Mais, je le répète, cet acide n'est
ici supposé existant, que par erreur, ainsi
que le prétendu phlogistique qui, dit-on,
l'accompagne : chaque molécule de soufre
est un composé simple, constitué par des

élémens combinés ensemble dans des proportions capables d'y donner lieu : enfin les
changemens, soit dans le nombre, soit dans
les proportions des principes de ce composé, occasionnent alors dans les résultats
d'autres combinaisons qui auparavant n'existoient pas dans le composé dont il s'agit.
On sent bien que tant qu'on n'opérera que
les mêmes sortes de changemens sur la
même sorte de substance, on aura toujours les mêmes résultats : cela ne peut être
autrement, et ne doit pas nous en impo-
ser sur l'origine de ces résultats mêmes.

892. Il faut appliquer ce que je viens de
dire du soufre, à tout autre composé quelconque : la molécule aggrégative ou essentielle d'un composé quel qu'il soit, est en
effet nécessairement un composé simple,
constitué par un certain nombre de principes combinés ensemble dans de certaines
proportions, et ne peut jamais être une
matière hétérogène. L'effet propre de la
combinaison est *d'établir l'identité* dans
toutes les parties de la molécule essentielle
qui en résulte : les surcompositions pré-
tendues sont des êtres de raison ; aucun
fait ne les appuie ; et ce qui a pu en donner l'idée ou les faire admettre, ce sont
les

les masses sensibles des corps, qui en effet
sont la plupart hétérogènes. Mais les masses
qui sont dans ce cas, ne sont que des mélanges de molécules de diverses sortes dans
un état d'aggrégation plus ou moins parfait, et non de véritables combinaisons ; ce
qu'il est bien important de remarquer.

893. Ainsi, lorsqu'on fera attention que
les masses sensibles des corps ne constituent jamais les substances qui y donnent
lieu ; mais que la nature de chaque matière,
soit simple, soit composée, réside uniquement dans la *molécule essentielle* de cette
même matière : alors les masses apparentes
des corps quels qu'ils soient, ne pourront
plus induire en erreur. Quelque volume,
par exemple, qu'ait un morceau de galène,
on se rappellera toujours que la galène est
constituée par la nature propre de sa molécule essentielle ; molécule qui est la plus
petite partie composée de la masse, ou autrement qui en est la plus petite division
possible sans décomposition ; molécule constituée elle-même par une unique combinaison ; molécule enfin qui n'est ni du plomb,
ni de l'argent, ni du soufre, et qui ne contient nullement ces composés, quoiqu'elle

*Tome II.*                     Y

puisse y donner lieu par les résultats des altérations qu'on lui fait subir, lorsqu'on l'a détruit.

894. Le gaz méphitique ou air fixe n'existe pas plus, comme tel, dans les matières calcaires, dans la bière, dans le moût ou jus de raisin, &c. que l'acide vitriolique n'existe dans le soufre, ou le plomb dans la galène. De même, si le sel marin n'est pas un mélange, mais un véritable composé; il est nécessairement identique, et ne contient ni alkali minéral, ni acide marin, quoique les résultats de sa destruction présentent communément ou l'une ou l'autre de ces substances. En un mot, tout composé, quel qu'il soit, est nécessairement une combinaison unique, très-simple, homogène, et dont la nature réside dans la molécule aggrégative qui résulte de cette combinaison; tandis que les masses de matière que nous pouvons appercevoir, et que l'aggrégation des molécules qui les forment, rend plus ou moins solides, peuvent seules être hétérogènes. C'est ce qui a lieu en effet toutes les fois que des molécules de diverse nature sont amassées et mélangées entre elles: mais on tombera toujours dans de grandes erreurs, tant que l'on confon-

dra ce qui est véritable combinaison, avec
ce qui n'est réellement que mélange.

895. Voyons maintenant quel ordre suit
la nature, dans la destruction qu'elle opère
continuellement, des composés qui existent; et ce qu'offrent de remarquable les
résultats des altérations qu'elle produit à ce
sujet.

*Dans toute altération ou destruction d'un
composé quelconque, ceux des élémens
constitutifs de ce composé, qui réussissent les premiers ou le plus aisément à
se dégager de l'état de combinaison,
sont toujours les principes les moins fixes : l'élément terreux étant celui qui
recouvre le plus difficilement sa liberté
première.*

896. Cette proposition qui est fondée
sur l'observation de faits constans, et qui
seule peut rendre raison de la cause physique de la mort des êtres vivans, ainsi
que de l'origine des divers minéraux,
donne lieu à l'établissement de quelques
principes qui d'abord pourront paroître des
conjectures hasardées, vu qu'à présent la
plupart des savans ont leur attention cap-

tivée par des vues d'une toute autre nature; mais que le tems et l'observation feront sans doute un jour plus justement apprécier.

897. S'il est vrai, par exemple, que tout
composé tend à se détruire, ce que je crois
avoir suffisamment prouvé dans le cours
de cet ouvrage ; il est aussi très-vrai qu'ils
ne doivent cette qualité qu'à la tendance
propre de leurs élémens constitutifs, lesquels cherchent nécessairement à se dégager de l'état de combinaison. Mais les
divers principes qui constituent les composés, n'ont pas tous *une égale tendance*
à se dégager des corps dont ils font partie : voilà ce qu'il est bien essentiel de remarquer, si l'on veut parvenir à connoître la cause des principaux phénomènes
qui accompagnent les décompositions des
corps.

898. En effet, la tendance dont il s'agit
est presque nulle dans l'élément terreux;
parce que cet élément n'est point ou presque point modifié, lorsqu'il fait partie d'un
corps. Il est vrai que le seul principe avec
lequel il peut être immédiatement combiné, et qu'il fixe lui-même [le feu, *voyez*
n°. 67], se trouvant alors dans un état de

modification considérable, a nécessairement
une tendance très-grande à se dégager de
son état. Cette tendance, apparemment,
n'est point véritablement effective dans cette
combinaison formée de deux principes; en
effet la terre ayant la faculté de fixer le
feu, lorsqu'il se trouve dans l'état de modification nécessaire à ce sujet, annulle sans
doute alors l'effet de sa propre tendance.
La combinaison dont il s'agit, ne pourroit
point avoir lieu, s'il en étoit autrement ; et
la connoissance des métaux parfaits ne laisse
aucun doute sur l'existence d'une combinaison en quelque sorte semblable.

899. L'air ensuite est un élément qui ne
fait jamais partie constitutive d'un corps,
que lorsqu'il est dans un état modifié et
fixé. Or, ce principe ne peut être fixé par
aucun élément libre quel qu'il soit, et ce
n'est toujours qu'au moyen d'une combinaison déjà existante qu'il peut être combiné lui-même. L'espèce d'adhérence que
l'air semble contracter avec l'eau [35], et
que très-mal-à-propos on a qualifiée de *dis-*
*solution* [545], n'exige aucune modification
de la part de l'air et ne le fixe nullement ;
aussi n'en résulte-t-il point de combinaison
véritable. Mais lorsque l'air fait vraiment

Y 3

partie d'une combinaison , comme beaucoup de corps en donnent la preuve; il
cause évidemment, par sa présence, une
moindre intimité dans l'union des autres
principes de cette combinaison, et forme,
avec ces autres principes, un composé dont
la tendance à la décomposition est alors
d'autant plus effective. Aussi l'observation
prouve-t-elle que tout composé dans lequel l'air entre comme élément constitutif,
n'est point aussi durable; en un mot, n'est
point aussi parfait dans sa combinaison,
que ceux dans lesquels ce principe manque
entièrement.

900. L'eau enfin est de tous les élémens
constitutifs des composés, celui qui se trouve
dans la moindre intimité de combinaison,
et qui altère le plus fortement la combinaison des autres. Elle ne peut fixer aucun
élément par sa nature; au contraire, elle
provoque sans cesse le dégagement du feu
combiné, et augmente par-là l'effectuation
de la tendance à la décomposition des matières composées qui la contiennent. L'observation confirme en effet, que plus un
composé contient d'eau dans sa combinaison, moins il est durable dans la nature :
ce qui prouve assez que moins alors est

grande l'union de ses autres principes constitutifs.

901. Maintenant si l'on rapproche toutes ces considérations, et qu'on les compare
avec les phénomènes que présentent les
altérations et les décompositions des corps,
on verra constamment que les composés
qui contiennent le plus abondamment d'eau
et d'air dans leur combinaison, sont vraiment les moins durables, c'est-à-dire, sont
ceux qui se détruisent le plus facilement
et le plus promptement dans la nature :
les matières qui proviennent directement
des êtres organiques, et sur-tout celles qui
ont appartenu aux animaux, prouvent bien
clairement ce que je viens d'avancer. On
verra ensuite que les composés qui abondent en principe terreux et en feu fixé,
et dans lesquels l'air et l'eau n'existent
point, ou s'y trouvent dans les moindres
quantités possibles, sont réellement les substances les plus durables qu'il y ait dans la
nature ; en un mot, sont celles qui ont leur
tendance à la décomposition la moins effective.

902. Enfin on verra qu'à mesure qu'un
composé s'altère ou se détruit, ceux de
ses principes qui s'en séparent les premiers

Y 4

et le plus abondamment, ou au moins qui
s'en séparent dans les plus grandes proportions, sont toujours l'eau et l'air : car
quoiqu'en général ces principes, en se dégageant, ne soient pas purs, vu qu'ils en-
traînent presque toujours des quantités des
autres principes avec lesquels ils forment
de nouvelles combinaisons ; ce sont eux
néanmoins [l'air et l'eau] qui se dégagent
toujours dans les proportions les plus considérables.

903. Il suit de-là, que dans tout composé
qui se détruit, les résidus de cette destruction sont toujours des matières de plus
denses en plus denses, plus terreuses, plus
pesantes, plus intimes dans la combinaison
des principes qui leur restent, et conséquemment plus durables. Quant à ce que
je dis que les résultats d'un composé qui
se détruit, sont encore des combinaisons,
cela est fondé sur une observation constante qui nous apprend que dans toute destruction de composé, les résidus que nous
trouvons sont encore des matières combinées, et non des élémens entièrement libres; les principes d'un composé quelconque ne se dégageant jamais tous également
et à la fois [506, 507, 508].

904. Qu'à présent on considère la nature des substances qui proviennent immédiatement des êtres organiques, on verra que malgré qu'elles diffèrent entre elles par plus ou moins de consistance, toutes cependant contiennent les quatre élémens dans de très-grandes proportions; on verra même que dans la plupart d'entre elles, c'est le principe terreux qui y est le moins abondant.

905. Qu'on examine ensuite ce que deviennent toutes ces matières abandonnées aux facultés de la nature, on s'appercevra facilement que toutes celles dans lesquelles l'eau et l'air abondent éminemment, se détruisent toujours plus promptement que les autres. On remarquera qu'outre les destructions des formes, il s'opère continuellement des retraits considérables dans les volumes; et quoique les progrès et la nature de chaque décomposition soient extrêmement dépendans des diverses circonstances qui les accompagnent [73 à 78], néanmoins on trouvera toujours que les résidus de ces destructions sont des matières de plus en plus denses, à mesure qu'elles sont plus éloignées des premières combinaisons qui y ont donné lieu. Enfin,

on se convaincra que plus les dépouilles
des êtres vivans ont subi les effets de la
tendance de la nature, moins alors elles
contiennent d'eau et d'air parmi leurs
élémens constitutifs. Et comme les affais-
semens et les retraits prodigieux que
ces substances ont successivement éprouvées en s'altérant, ont singulièrement changé leur volume ; leurs résidus à la fin
sont des matières qui, sous le plus petit
volume, abondent en principe terreux
combiné avec une quantité plus ou moins
grande de feu qu'il fixe ; en un mot,
des matières denses, pesantes et très-durables.

906. Si les molécules essentielles des
diverses sortes de résidus dont je viens de
parler, se trouvent libres et exposées à être
entraînées par les eaux courantes ou par
celles qui se filtrent dans les grottes ou
autres cavités souterraines ; on sent alors
que ces mêmes molécules en se déposant,
pourront s'aggréger les unes avec les autres,
et constituer des masses solides plus ou
moins considérables ; on sent même que
dans des circonstances convenables, ces
masses, en se formant, pourront prendre
des arrangemens réguliers, et donner lieu

aux crystallisations si connues des naturalistes.

907. Je ne sais si, à force d'observations, on parviendra un jour à assigner
les véritables circonstances qui peuvent
occasionner chaque sorte de minéral : mais
quelles qu'elles soient, il est on ne sauroit plus évident, d'après les considérations
qui précèdent, que tous les minéraux, en
général, sont des résultats manifestes des
destructions que la nature opère dans les
substances qu'ont formées les êtres vivans ;
et qu'aucun d'eux n'est jamais le produit
d'une combinaison directe. L'ordre constant
des densités des matières minérales, densités d'autant plus grandes que les matières
qui sont dans ce cas, sont plus éloignées
des substances composées dont elles proviennent originairement, sera toujours une
preuve sans replique du fondement de tout
ce que je viens de dire.

908. Enfin, l'important principe qui vient
d'être exposé et développé, celui en un
mot, qui nous apprend que dans toute altération ou destruction de composé, ceux
de ses élémens constitutifs qui s'en dégagent le plus facilement et dans les plus
grandes proportions, *sont toujours les moins*

*fixes*, *et particulièrement l'eau et l'air ; ce* principe, dis-je, ne se borne pas à nous indiquer l'origine véritable de tous les minéraux ; il est même le seul qui puisse nous rendre raison de la cause physique de la mort que subissent inévitablement tous les êtres doués de la vie.

909. En effet, par lui seulement on conçoit pourquoi les fibres organiques des êtres dont je parle, acquièrent pendant la durée de la vie une dureté, une ténacité et une rigidité, qui, allant toujours en augmentant, les font à la fin résister à l'exécution du mouvement des organes qu'elles constituent, et amènent ainsi nécessairement la mort.

910. Cela ne pouvoit être autrement, vu que, par la tendance propre de la nature, la substance des êtres vivans est assujettie à des pertes continuelles qui exigent des réparations réitérées ; vu ensuite que ces pertes, selon notre principe, dissipant continuellement *moins de matière fixe, que de substances élastiques et aqueuses*, tandis que les réparations qu'opèrent les fonctions vitales, apportent sans cesse des principes fixes dans de plus grandes proportions : la rigidité et la densité des

fibres organiques doit donc aller toujours en croissant pendant la durée de la vie; comme cela arrive en effet. *Voyez* à ce sujet la quatrième Partie, page 202.

### Origine et formation des minéraux.

911. J'ai dit que les végétaux aidés de *l'action solaire*, avoient la faculté de rassembler les élémens primitifs, de les modifier et de former immédiatement de véritables combinaisons. Que les animaux ensuite avoient celle d'assimiler à leur substance des matières déjà composées, qu'ils élaborent ces matières par l'action de leurs organes, et qu'ils se les approprient après les avoir suffisamment changées. Or, il résulte et de la substance des animaux, et de celle des végétaux, diverses sortes de matières composées, qui toutes contiennent du feu fixé, de la terre, de l'eau et de l'air [et peut-être d'autres élémens, s'il en existe], combinés ensemble dans des proportions relatives à la nature de chacune d'elles.

912. Les êtres vivans que je viens de citer, périssent chacun à leur tour, au bout du terme prescrit à leur durée, et resti-

tuent alors à la nature tout ce que la puissance de leur principe vital lui avoit fait
perdre de ses droits. Aussi les dépouilles
de ces êtres qui ont perdu la vie, subissent alors tous les effets de la destruction
que la nature tend à leur faire éprouver;
elles se décomposent toutes par le laps des
tems, quoique plus où moins promptement,
selon leur propre nature et selon les circonstances dans lesquelles elles se rencontrent; et à la fin la matière parvient jusqu'à un certain point à jouir de la liberté
à laquelle elle tend par sa propre essence, liberté qu'elle reprendroit entièrement
et conserveroit toujours, si les êtres organiques cessoient d'exister, et si le mouvement qui est dans l'univers étoit anéanti.

913. Maintenant, pour concevoir comment le nombre considérable de substances diverses qui constituent les minéraux,
peut être un produit véritable des débris
des êtres organiques et des suites de leur
destruction; il importe d'examiner au moins
rapidement, comment s'opèrent les décompositions que la nature produit elle-même.

914. J'ai eu occasion de prouver dans le
cours de cet ouvrage, qu'à mesure qu'un
composé quelconque se détruit, tous les

principes qui le formoient, ne se trouvent
pas à la fois dégagés de l'état de combinaison. Ils ne se débarrassent et ne s'é-
chappent que peu à peu ; et comme le
plus petit changement dans les quantités
des principes d'une substance apporte nécessairement des différences dans l'intimité
de leur union, et rend conséquemment plus
ou moins effective la tendance à la décomposition de cette matière ; il est évident que tout changement dans les proportions des élémens constitutifs de tout
composé, quel qu'il soit, change aussi nécessairement sa nature.

915. A cette considération il a fallu en
ajouter une autre qui n'est pas moins essentielle à notre objet, et qui tend d'ailleurs à détruire un préjugé très-funeste aux
progrès de la chymie: ce préjugé consiste
dans l'idée qu'on s'est formée mal-à-propos d'une prétendue surcomposition des
composés homogènes.

916. Ensuite il a fallu faire voir qu'il
existe dans la nature deux sortes d'aggrégés; les uns homogènes, et les autres
hétérogènes. En effet, les aggrégés homogènes ont leurs molécules aggrégatives toutes de même nature. Un morceau d'or, par

exemple, est un aggrégé de cette sorte; la plus petite de ses parties est aussi bien de l'or que la masse entière du même métal, quelque grosse qu'elle soit. Au contraire, les aggrégés hétérogènes sont formés de la réunion de plusieurs sortes de molécules aggrégatives : ainsi l'or allié d'argent forme une matière hétérogène, parce que la masse qui résulte de cet alliage, est un assemblage de molécules d'or et de molécules d'argent. Mais une molécule aggrégative, de quelque substance qu'elle soit, est certainement *un composé simple*, formé de l'union de plusieurs élémens combinés ensemble dans des proportions relatives à la nature de ce composé. Or, de même qu'on ne peut pas dire qu'une molécule d'or contienne aucun composé particulier différent de l'or; de même aussi une molécule aggrégative de soufre ne contient que des principes qui sont combinés dans des proportions telles, qu'elles constituent le soufre : et il n'est point du tout vrai que le soufre contienne de l'acide vitriolique, que le phosphore renferme de l'acide phosphorique, qu'il y ait dans une matière calcaire pure, un gaz méphitique et de la chaux, que du jus de raisin contienne du tartre,

tartre, du gaz méphitique, du vin et du
vinaigre, que du bois contienne de la suie,
du charbon et des cendres, &c. &c. tous
ces composés particuliers qu'on obtient par
l'altération d'un composé principal préexistant, sont des résultats manifestes, des
changemens survenus dans les proportions
des principes du composé qui les éprouve;
et non des extractions de prétendus composés, qui existoient auparavant tout formés
dans les substances dont on les retire.

917. Je vais maintenant revenir à mon
objet, et m'occuper de faire voir que tous
les minéraux proviennent des débris des
êtres organiques, et que l'existence de ces
matières minérales n'est point du tout le
produit d'une formation réelle et directe,
mais est vraiment un résultat de toutes les
sortes d'altérations que le nombre prodigieux de circonstances différentes dans lesquelles se trouvent toutes ces matières, leur
font nécessairement éprouver.

918. En effet, si l'on considère l'irrégu-
larité de tous les points de la surface du
globe, et les changemens divers auxquels
la plupart de ces points sont continuellement assujettis, on concevra sans peine
que les dépouilles de tous les êtres vivans

*Tome II.*           Z

étant éparses çà et là dans tous les lieux
où elles sont abandonnées, se rencontrent
réellement dans un nombre étonnant de
circonstances différentes, qui influent à changer et la manière dont s'opère leur décomposition, et le tems qui doit être employé
à l'exécuter. Tous ces débris, soit d'animaux, soit de végétaux, se trouvent en
effet les uns ensevelis dans les eaux, tant
au fond de la mer que des rivières et des
étangs; les autres enfouis plus ou moins
profondément dans les terres à la partie
sèche du globe par diverses causes; et les
autres enfin, par d'autres circonstances,
restent exposés à l'air, soit à l'ombre dans
des forêts ou dans des grottes, soit soumis à l'action du soleil et des pluies. Or,
dans tous ces cas différens, il doit résulter
que tantôt un composé dont les principes
sont dans des proportions telles, qu'ils
constituent ou de l'huile, ou de la graisse,
ou de la gomme, ou de la résine, ou d'autres substances organiques, doit se trouver dans des circonstances où il perd plus
abondamment des quantités du principe
aqueux qui entroit dans sa combinaison,
que des autres principes; tandis que ce
même composé dans d'autres circonstances

eût perdu à la fois d'aussi grandes quantités de son feu fixé, que de son eau et de son air principes, &c.

919. Je ne puis entrer dans un détail exactement circonstancié de tous les cas possibles, ni déterminer pour chacun d'eux quels sont alors les résultats des décompositions que subissent les matières composées qui s'y rencontrent : mais il me suffit de faire appercevoir que lorsqu'une matière animale, par exemple, subit par les circonstances dans lesquelles elle se trouve, une décomposition telle, qu'elle perd alors la plus grande quantité de son eau et de son air combinés, et malgré cela conserve presque tout son feu fixé uni à une petite quantité de ses autres principes ; les proportions des principes qui la constitueront alors, pourront être telles, que cette matière soit du vrai soufre. Si dans ce même cas, la proportion du principe terreux se trouve très-grande, la matière qui en résultera, pourra être de nature pyriteuse. Si ensuite cette même matière venoit à perdre presque tout son air et son eau principes, et non-seulement conserver encore tout son feu fixé intimement combiné avec sa terre, mais même en acquérir et en

Z 2

accumuler de nouveau par certaines circonstances, alors le composé qui en proviendroit,
pourroit se trouver dans l'état métallique.
Dans ce dernier cas, l'une des différentes
sortes de proportions de ce feu fixé, relativement au principe terreux qui le retient,
constituera l'une des diverses sortes de
métal ou de demi-métal qui peuvent exister.

920. Les pyrites et les minerais ne sont
que des matières qui avoisinent l'état métallique, et qui sont sur le point d'y parvenir. Ils n'y arrivent point par une véritable formation : la nature *ne forme rien,
elle détruit toujours*. Mais ils y parviennent par une altération réelle, c'est-à-dire,
par la perte des quantités surabondantes
des principes qui ne peuvent pas constituer l'état métallique. Lorsque l'art, par
des moyens propres, vient à bout de faire
l'extraction de ces mêmes quantités surabondantes de certains principes, il obtient
alors un métal quelconque : il y parvient
aussi en faisant l'addition ou plutôt l'ac-
cumulation de certain principe qui s'y trouvoit dans de trop petites proportions, et
la nature fait la même chose dans certaines circonstances : or, l'art n'a fait en

cela, que ce que la nature elle-même fait
à l'aide de ses deux grands moyens, qui
sont du tems et des circonstances; il n'a
rien formé, mais il a détruit ou il a com-
plété, et par cette voie il a réussi à obtenir une substance, qu'on a dit ensuite être
contenue dans celle dont on a changé la
nature.

921. L'altération de la terre calcaire,
lorsque les circonstances y sont favorables,
ou lorsque son mélange avec certaines substances [comme peut-être des matières surchargées d'acide vitriolique], y donne lieu,
peut la faire passer à l'état de gypse avant
d'arriver au dernier terme de décomposition qui rétablit le principe terreux dans
son premier état de pureté. Le plus souvent néanmoins, la terre calcaire subit des
altérations telles, qu'elle ne peut point
constituer du gypse. Mais communément
alors elle passe directement à l'état de silex et d'agathe, jusqu'à ce qu'elle ait acquis sa nature vitreuse pure. Il suffit d'examiner la substance de la plupart des cailloux, pour avoir des occasions fréquentes
de s'assurer du passage de l'état calcaire
d'une substance, à l'état de silex. L'extérieur de presque tous les cailloux est en-

Z 3

core entièrement calcaire, et l'intérieur
tout-à-fait silex ou vitreux pur; tandis que
la partie moyenne n'est ni vraiment calcaire, ni complètement silex, mais se trouve
dans un état moyen d'altération, qui constitue l'évidence du passage dont il s'agit.

922. Voici comment je conçois que les
cailloux se forment : de petites masses arrondies ou globuleuses de matière calcaire
formées dans les eaux agitées ou courantes, par des couches additionnelles et concentriques, subissent avec le tems, dans
ces mêmes lieux, des altérations qui font
passer peu à peu les molécules calcaires
de ces masses, à la nature de silex, et enfin
à l'état vitreux : or, à mesure qu'une particule de terre de plus en plus démasquée
est devenue toute vitreuse, sa pesanteur
spécifique est telle, relativement à sa nature et à sa petitesse énorme, qu'elle est
plus fortement attirée par la masse commune, que toute autre particule qui seroit
aussi petite qu'elle; en conséquence, cette
molécule vitreuse s'approche de plus en
plus du centre de cette masse, jusqu'à ce
que rencontrant une autre particule de
même nature, elle s'y unisse par les causes
et selon les loix de l'aggrégation des corps.

Il suit de-là, qu'une petite masse globuleuse d'abord tout-à-fait calcaire, doit, à mesure qu'elle subit des changemens dans sa nature, se trouver dans l'état vitreux plutôt vers son centre, que vers sa partie extérieure, qui, par les causes que je viens de citer, sera toujours la dernière à être changée complètement. Pour expliquer ce fait, on a pris l'inverse, et on a pensé que les cailloux se décomposoient et perdoient [étant exposés à l'air] leur qualité vitreuse, pour devenir calcaire; tandis qu'il est évident que ce sont des masses calcaires qui passent insensiblement à l'état vitreux. Quelquefois ces masses arrondies de substance calcaire se trouvant ensevelies dans les terres, à une assez grande profondeur, il arrive qu'à mesure que leurs particules passent à l'état vitreux, elles ne sont pas plus fortement attirées par le centre de la masse calcaire dont il s'agit, que par les autres matières qui sont éloignées de ce centre; alors il se forme des couches vitreuses concentriques, ayant chacune leur surface intérieure calcaire; ainsi que leur surface extérieure; ce que j'ai eu occasion d'observer dans des coupes de montagnes où l'on perçoit un chemin. En effet, de

Z 4

chacune de ces surfaces les molécules qui
deviennent libres et vitreuses, s'approchent
de part et d'autre de la couche dont la
partie moyenne est déjà silex, et s'y unissent par le seul effet de l'attraction. Enfin
dans des lieux semblables, j'ai vu des masses calcaires passées à l'état de silex, formant des couches non concentriques, mais
horisontales et plates comme des couches
de schiste, avec les deux surfaces de chaque couche encore calcaires.

923. Les substances tendres par leur nature vont toujours en se durcifiant [ 905 ]
par les changemens qu'elles subissent avec
le tems ; c'est un principe certain dont j'ai
exposé la cause. Mais jamais les corps durs
[ s'ils sont homogènes ] ne peuvent passer
à l'état de corps tendres. Si l'on voit qu'un
granit autrefois très-dur, devient friable,
ce qu'on nomme sa *décomposition*, c'est
que le granit est une matière hétérogène,
formée par l'assemblage de différentes matières qu'unit un mastic particulier qui les
lie ensemble comme le sont les petits cailloux d'un pouding. Or, si la substance de
ce mastic est attaquée par quelque agent
capable de l'altérer ou la détruire, alors
les petites masses de chaque substance par-

ticulière du granit se séparent : il n'y a là
rien de contraire à mon principe. Mais ce
qui arrive à ce mastic, ne peut arriver
aux petites masses de quartz, de feld-
spath, &c. si leurs molécules sont unies
ensemble par les loix de l'aggrégation,
comme elles le sont ordinairement. Bien
des matières minérales sont dans le cas du
granit.

924. Les chymistes dans leurs opérations
parviennent aussi à communiquer à la terre
calcaire et à d'autres composés abondant
en principe terreux, diverses sortes d'altérations, qui donnent lieu à des substances dont il ne paroît pas que la nature
fournisse des exemples ; c'est ainsi qu'on
ne trouve point dans la nature de la ma-
gnésie, de la terre absorbante, &c. &c.

925. Les molécules aggrégatives de tous
les composés qui existent, sont toutes,
comme je viens de le dire, des composés
très-simples ; et il n'y a que les masses de
matière qui puissent être hétérogènes. Mais,
quoique toute molécule aggrégative soit
toujours un composé très-simple, les molécules de chaque sorte de matière n'ayant
point toutes, ou un même nombre d'élémens constitutifs, ou leurs principes dans

les mêmes proportions, l'intimité de leur
combinaison ne peut être la même. Aussi
l'on a vu dans le cours de cet ouvrage,
que j'ai distingué les molécules de toutes
les sortes de matières qui peuvent exister,
en composés parfaits et en composés imparfaits ; et que celles qui sont dans ce
dernier cas, ont leur tendance à la décomposition très-effective, et sont ou odoran-
tes, ou savoureuses, ou caustiques. Or, il
résulte de cette considération, que toute
matière animale ou végétale qui se trouve
être un composé imparfait, ou qui, par les
altérations qu'elle subit en se détruisant,
acquiert cet état de combinaison imparfaite, est alors d'une nature ou caustique,
ou savoureuse, et peut constituer l'une
de toutes les substances qui sont dans ce
cas.

926. Maintenant il importe de remarquer que la combinaison la plus intime
qu'il y ait dans la nature, est formée par
l'union immédiate du feu combiné avec le
principe terreux, tous deux se trouvant
dans de certaines proportions ; et que cette
intimité d'union est d'autant plus altérée
par les autres principes [l'eau et l'air],
qu'ils abondent davantage dans les com-

posés dont ils font partie. Je regarde ce
principe comme incontestable, et je ne connois pas un seul composé qui n'en confirme
le fondement.

927. Or, il est aisé de voir que toutes
les matières composées qui viennent directement des êtres organiques, contiennent
alors chacune les quatre élémens dans
d'assez grandes proportions, sur-tout du
feu, de l'eau et de l'air : aussi ces matières, en général, sont-elles peu durables,
particulièrement celles qui proviennent des
animaux; car dans celles-ci le principe
terreux y est en beaucoup moindre proportion que les autres. Mais par les suites
des altérations que ces matières éprouvent,
lorsqu'elles n'appartiennent plus aux êtres
vivans, elles perdent d'abord et nécessairement la plus grande quantité de leur
eau et de leur air principes; quelquefois
aussi elles perdent en même tems la plus
grande partie de leur feu fixé, tandis que
d'autres fois, selon la nature des circonstances, elles le conservent presque entièrement. De toute manière, il est toujours
certain que ces mêmes matières qui, dans
leur origine, abondoient en eau, en air et
en feu, avec une moindre proportion d'é-

lément terreux, se trouvent au bout d'un
certain tems contenir abondamment le principe terreux, quelquefois aussi beaucoup
de feu fixé, mais presque plus d'air ni
d'eau.

928. Il suit évidemment du principe que
je viens dans l'instant d'exposer, que les
matières qui proviennent immédiatement
des êtres organiques, sont alors des composés peu durables, de facile décomposition, et qui contiennent les élémens non
fixes dans des proportions considérables :
mais qu'après la suite d'altérations que ces
matières abandonnées à la nature, ont nécessairement éprouvées au bout d'un certain tems ; elles sont alors transformées en
composés très-durables, plus difficiles à altérer, qui ne contiennent presque plus d'air
ni d'eau, et qui abondent fortement en
principe terreux.

929. Telles sont les loix véritables qui
déterminent la formation des minéraux ; loix
simples que la raison seule pouvoit faire
appercevoir, et que l'observation la plus
exacte et la plus suivie confirme avec évidence. L'aggrégation qui constitue les masses de ces sortes de matières, est bien, à
la vérité, produite par la justa-position des

molécules aggrégatives, comme on l'a pensé ; car les minéraux n'étant que les résidus des principes les plus fixes des corps organisés détruits, il faut une quantité énorme dé ces corps, pour donner lieu à des masses médiocres dé matières minérales : or, ces masses s'augmentent petit à petit par la juxta-position des molécules aggrégatives qui les forment ; et l'on sait que lorsque cette juxta-position s'opère tranquillement et librement, comme dans les liquides en repos, il en résulte un arrangement particulier, relatif à la forme des molécules ; arrangement qui constitue la crystallisation de ces matières. Mais il n'est point du tout vrai que les principes constitutifs des composés minéraux, aient été eux-mêmes unis par juxta-position. Ces principes doivent leur réunion et leur modification premières à l'action organique des êtres vivans qui les ont combinés ; et les composés qui en ont été le résultat, étant devenus les dépouilles des êtres qui les ont produits, n'ont ensuite tant de fois changé de nature, avant d'arriver à l'état de substance minérale, que par les effets des altérations qu'ils ont éprouvées à la suite des tems, c'est-à-dire, que par les diverses sortes de changemens qu'ils ont subis dans le nombre ou dans les proportions de leurs élémens constitutifs, et non par l'effet d'aucune combinaison directe.

930. N'ayant pu publier dans le discours préliminaire de ma *Flore Française*, mes idées sur l'origine des minéraux, et sur leur nature comparée à celle des autres êtres naturels, voici ce que je publiai depuis sur ce sujet, dans mon Dictionnaire de Botanique, au mot *Classe*, vol. II, p. 33; j'y ai fait peu de changemens. (Voyez *le tableau ci-contre*.)

931. Les minéraux cités dans ce tableau, ne sont point placés strictement par ordre de production mutuelle ou dépendante; nos connoissances ne sont pas encore assez avancées pour qu'on puisse exécuter ce travail à l'égard de tous les objets, sans exception. Mais j'ai voulu indiquer ici principalement le degré d'éloignement de chaque substance minérale de son origine, les comparant les unes aux autres. Ainsi les craies sont moins éloignées de leur origine que les marbres, et ceux-ci le sont moins que les pierres meulières, que les cailloux, &c. De même, les argilles sont moins éloignées de leur origine que les

# TABLEAU INDICATIF.

*De l'origine des principales Substances minérales, disposées par séries, relatives au progrès des altérations qu'ont subi les Matières qui les ont successivement formées.*

*Êtres inorganiques, ou Minéraux produits par les altérations successives qu'ont subi les Matières composées qui ont fait partie des Êtres vivans, et qui se sont trouvé abandonnées au pouvoir de la nature.*

| | TERREAU ANIMAL des TESTACÉS, &c. | TERREAU ANIMAL des CIMETIÈRES ET VOIERIES. | TERREAU VÉGÉTAL des MARAIS. | TERREAU VÉGÉTAL des CHAMPS ET BOIS. | |
|---|---|---|---|---|---|
| Subst. tendres, calcinab. et effervesc. | Falun. | Fumiers gras. | | Terreau noir. | Subst. tendres, non calcin. ni efferv. |
| | Terre coquillière. | Marne. | | Terre franche. | |
| | Craies. | Ammoniac. | Nitre. | Argiles. | |
| | Pierres calcaires. | Alkali minéral. | Alkali végétal. | Stéatites. | |
| | Marbres. | Borax. | Vitriols. | Schits. | |
| | Albâtre calcaire. | Soufres. | | Bitumes. | Talcs. |
| | Spaths calcaires. | | | Amiantes. | |
| | Spath pesant. | Pyrites. | | Spaths fluors. | |
| Substances dures | Pierre meulière. | Minerais des demi-métaux. | | | du briquet. |
| | Cailloux. | Minerais des métaux. | | Pextens. | |
| | Pierres à fusil. | Métaux natifs. | | Jaspes. | |
| | Pétro-silex. | | | Jades. | |
| | Agathes. | | | Prases. | |
| | Calcédoines. | | | Feld-spath. | |
| | Quartz. | | | Crystaux gemmes. | |
| | | | | Quartz. | |
| | CRYSTAL DE ROCHE. | | | | |

qui étincellent     sous le choc

schists, et ceux-ci le sont moins que les
jaspes, que les crystaux gemmes, &c. les
quartz, enfin le crystal de roche le sont
encore davantage. Ce dernier n'est que
l'élément terreux tout-à-fait dépouillé du
masque qui le cachoit, lorsqu'il faisoit partie constituante d'un composé quelconque.

932. J'ai pu mal établir, pour les minéraux que je cite, l'ordre des degrés d'é-
loignement ou de rapprochement de leur
origine. Avec plus de connoissances on
rectifiera ce travail. Mais je tiens fortement au principe qu'il suppose; j'en sens
tout le fondement, et c'est pour le mieux
faire concevoir, que j'ai provisoirement
formé ce tableau.

933. Ce même tableau [qu'il ne s'agit
plus que de corriger, s'il offre quelque
erreur, et qu'on peut compléter en y ajou-
tant tout ce qui y manque] fait concevoir
cette nouvelle vue, qui est que *les miné-*
*raux sont tous de vrais produits des alté-*
*rations successives qu'éprouvent avec le*
*tems les débris des êtres organiques.* Que
ces minéraux ne sont point du tout les
résultats d'une formation directe, non plus
que d'une reproduction successive; mais
qu'ils sont au contraire ceux d'une alté-

ration continuelle que subissent les dépouilles des êtres vivans; altération qui les
transforme successivement en autant de
composés divers qu'il y a de minéraux connus (1).

934. Les altérations qu'éprouvent continuellement les débris des êtres organiques,
opèrent sans cesse des changemens dans
la proportion des principes qui restent combinés, et donnent continuellement lieu à
des composés différens. En effet, dans toute
décomposition ou altération que les substances composées subissent, soit dans la
nature, soit par l'art, les principes combinés qui les constituent, ne se dégagent
pas tous entièrement et à la fois de l'état
de combinaison; ces principes se dégagent
réellement par parties, et toujours dans
des quantités différentes, selon leur nature.
L'eau et l'air, par exemple, se dégagent
toujours dans de plus grandes proportions

(1) Dans l'endroit cité de mon Dictionnaire [vol. II,
p. 33], on voit en outre un tableau particulier des
êtres vivans disposés selon l'ordre gradué du nombre
et en quelque sorte de la perfection de leurs organes.
Ce tableau y est mis en opposition avec celui des minéraux dont il est ici question.

que

que les autres principes. Aussi résulte-t-il des altérations qu'éprouvent les composés résidus des êtres vivans, des composés différens, lesquels deviennent, à chaque mutation, de plus simples en plus simples, plus denses, plus durs, plus durables, moins volumineux, contenant toujours d'autant moins d'eau et d'air parmi leurs principes constituans, qu'ils sont plus éloignés de leur état primitif, c'est-à-dire, qu'ils ont subi plus d'altération.

935. On peut reconnoître le fondement de cette opinion, en examinant l'ordre et la nature des substances mentionnées dans ce tableau minéralogique. La terre qui fait partie de la substance d'un être vivant ou d'un être organique mort depuis peu, est alors parfaitement masquée par les autres principes qui se trouvent combinés avec elle dans de grandes proportions. Elle est alors la plus éloignée possible de l'état vitreux, qui est son état naturel, son état de pureté; en un mot, l'état où elle jouit entièrement de ses propriétés, qui sont la solidité, la fixité, l'infusibilité et le défaut complet d'odeur, de saveur, d'opacité et de couleur.

936. Mais à mesure que les substances

qui ont fait partie des êtres organiques,
ont éprouvé plus d'altérations et ont subi
plus de changemens, l'élément terreux se
trouve de plus en plus à découvert, c'est-
à-dire, moins masqué par les autres principes ; et les composés dans lesquels il
abonde, deviennent de plus en plus solides, plus denses, plus durables, c'est-à-
dire, plus lents à s'altérer. Si ces composés sont des résidus de végétaux, ils prennent tour-à-tour les noms de *terre franche*, *d'argilles*, *de schistes*, *de statites*, *de
serpentine*, *de talcs*, *d'amiante* ou *d'as-
beste*, *de zéolites*, *de spaths-fluors*, *de
schorls*, *de jaspes*, *de feld-spath*, *de quartz*,
jusqu'à ce qu'enfin l'élément terreux qui
fait la base principale de ces divers composés, se trouvant tout-à-fait dégagé de
l'état de combinaison, parvient à jouir de
toutes ses propriétés, comme on le voit
dans le *crystal de roche* transparent, net
et sans couleur.

937. Le même élément terreux masqué
dans les substances animales dont il fait
partie, parvient aussi avec le tems à se
dégager de l'état de combinaison. En effet,
les matières qui le contiennent, étant livrées au pouvoir de la nature, subissent

des altérations [des dissipations graduelles
des principes volatils et élastiques] qui les
font successivement passer par différens
états, et former une série de minéraux qui
n'est pas la même que celle produite par
les substances végétales.

938. J'ai observé beaucoup de fois le passage des matières argilleuses à l'état vitreux, et des matières calcaires au même
état.

939. Dans une des mines de Freyberg
en Saxe, où je suis descendu, j'ai trouvé
une preuve évidente de ce que j'avance.
Tout le sol est un schiste micacé d'un gris
bleuâtre. Ce schiste, à la surface de la terre,
est tendre, friable et parfaitement argilleux. A mesure que l'on descend dans la
mine, on le reconnoît par-tout pour le
même schiste, toujours parsemé de parcelles de mica; mais il devient de plus en plus
dur, et ses feuillets ont moins d'épaisseur.
Enfin, dès les secondes galeries, c'est-à-
dire, à environ cent quarante toises ou huit
cents quarante pieds de profondeur, le
même schiste très-reconnoissable encore,
n'a déjà presque plus rien d'argilleux; ses
feuillets, toujours remplis de parcelles de
mica, sont minces, serrés, durs, presque

entièrement quartzeux, et scintillent en effet sous le choc du briquet.

940. J'ai fait des observations à-peu-près semblables à *Claustahl* au Hartz, à *Schemnitz* et à *Cremnitz* en Hongrie, et j'ai constamment remarqué dans toutes les mines où je suis descendu, que le sol nouvellement formé vers la surface de la terre par des détritus des substances organiques, y étoit plus composé, plus mou, moins dense; et qu'à mesure qu'on s'enfonçoit dans la terre, et qu'on pénétroit dans un sol plus anciennement formé, ce sol altéré et changé par la suite des tems, y étoit constamment plus dur, plus dense, moins composé, et toujours de plus en plus quartzeux et vitreux (1).

941. Les grouppes de spath calcaire que j'ai remarqués souvent très-avant dans les mines, y sont d'une formation moins an-

_____

(1) Cela est ainsi, particulièrement dans les lieux couverts depuis long-tems de végétaux, et qui servent d'habitation à divers animaux; mais dans ceux où le sol, depuis des tems très-reculés, se trouve entièrement à nud, et exposé à la puissance de la nature, ce sol, dès la surface même, est par-tout de nature presque purement vitreuse; et dans cet état, l'on sait qu'il est aride et de la plus grande stérilité.

cienne que la roche qui les soutient; aussi les ai-je toujours vus dans les fentes et les crevasses de cette roche, où leurs molécules sont charriées par l'eau qui s'infiltre continuellement dans la terre.

942. Je possède des morceaux qui prouvent la transmutation des matières calcaires en substances siliceuses, et de certaines masses argilleuses en jaspe d'une manière très-marquée. J'ai des *pexten* nuancés depuis l'état argilleux le plus évident, jusqu'à l'état tout-à-fait vitreux.

943. J'ai rapporté de mon voyage au Mont-d'or et au Cantal, des matières végétales qui étoient enfouies, et qui sont déjà à demi transformées en argille feuilletée presque schisteuse. Lorsque ces mêmes matières abondent en résine, elles produisent dans la terre les divers bitumes que l'on connoît.

944. Les substances salines minérales sont des produits assez récens des débris des êtres organiques, pour que leur origine soit encore reconnoissable.

945. Enfin, il est aisé de s'appercevoir que des terres [sur-tout les argilleuses], surchargées de soufre, de vitriol, ou d'arsenic, se transforment en pyrites d'une ma-

nière évidente, qu'elles passent ensuite insensiblement à l'état de minerai, et qu'avec
le tems et les circonstances convenables,
ces derniers donnent lieu à la formation
des métaux natifs.

946. *Dissipation* et *addition* : voilà les
deux grandes opérations qui, successivement, transforment les dépouilles des êtres
organiques en différentes substances minérales. La dissipation de certaines quantités
de tel ou tel principe, change la proportion de ceux qui restent combinés, et produit par conséquent un changement dans
la nature du composé qui est dans ce cas.
La dissipation de certains principes en totalité change encore la nature des composés qui l'éprouvent : cela est évident.

947. Souvent aussi l'*addition*, quelquefois même la *cumulation* de certains principes, contribuent aux changemens de nature de plusieurs matières minérales, les
circonstances locales mettant en contact
des matières qui y donnent lieu.

948. Il n'y a pas de doute pour moi,
que la cumulation du feu fixé sur certaines matières, n'ait donné lieu à la formation des métaux natifs : que cela se soit
opéré par des embrasemens souterrains ou

autrement, c'est ce que je n'examine pas. Or, je dis qu'on imite cette opération de la nature en grillant d'abord les minerais, ce qui en fait dissiper le soufre ou d'autres matières volatiles, et en cumulant ensuite du feu fixé sur ces matières, par le moyen d'une longue fusion dans les fourneaux; cumulation qui les porte à l'état métallique. La cause connue qui transforme le fer en acier, suffit pour faire sentir le fondement de ce que je viens d'exposer.

949. Il en résulte que l'hématite, que la mine de fer spathique, que le bleu de Prusse, &c. &c. ne contiennent véritablement point de fer; mais que ces matières sont portées à l'état métallique, et transformées en vrai fer, par les opérations qu'on leur fait subir. Or, ces opérations consistent à cumuler sur ces mêmes matières une grande quantité de feu fixé qui se combine intimement avec elles, et qu'elles n'avoient pas auparavant. Il en est de même de la galène, pour le plomb; des bleus et verds de montagne, pour le cuivre, &c. &c. Une dissipation des matières volatiles que peuvent contenir ces substances, soit dans leur état de chaux, soit dans leur état de minerai, et ensuite une cumulation de feu

fixé qui se combine avec elles, en fait des
métaux complets ou en régule.

## Résumé.

950. Je conclus de tout ce que je viens
d'exposer, premièrement, que la nature
n'a nulle aptitude à former elle-même des
composés; que les facultés de la matière
en général, et celles de ses diverses sortes
qui existent, font tendre chaque sorte de
matière à la conservation de son état libre
et naturel, et les fait résister à l'état de
combinaison; puisqu'aucun composé n'a lieu
qu'il n'ait au moins quelqu'un de ses principes constituans dans un état de modification considérable.

951. Secondement, que tous les composés qu'on observe dans notre globe, sont
dus, soit directement, soit indirectement,
aux êtres organiques, qui ont la faculté
de modifier les élémens, de les combiner
ensemble, et de les assimiler à leur propre
substance.

952. Troisièmement, que les débris con-
tinuels des êtres qui ont été doués de la
vie, servent à la production non interrompue de toutes les substances minérales dont

on peut trouver des exemples; et que cette production n'est qu'un résultat manifeste des diverses sortes de décompositions que les circonstances permettent. Que par décomposition nous n'entendons qu'un changement de nature produit par une mutation, soit dans le nombre, soit dans les proportions des principes, et non un anéantissement de combinaison.

953. Quatrièmement, que les molécules aggrégatives de tous les composés quelconques, sont chacune de véritables composés simples, et non des surcomposés, comme on l'a mal-à-propos prétendu : puisqu'alors ces molécules aggrégatives ne seroient que des masses hétérogènes formées de diverses sortes de molécules elles-mêmes aggrégées. On sait cependant que la plus petite parcelle d'or, ou de soufre, ou de spath calcaire, &c. qu'après une division la plus grande possible, on peut encore appercevoir et examiner, fait voir constamment de l'or, du soufre, du spath calcaire pur, et en un mot, fait toujours tomber sous nos sens des parcelles très-homogènes.

954. Je termine l'exposé succinct que je viens de faire de l'origine des minéraux

en faisant une remarque que j'ai voulu publier il y a près de vingt ans: elle consiste à faire sentir combien furent peu fon-
dés les naturalistes qui ont regardé comme
possible la formation d'une chaîne non interrompue dans laquelle seroient compris
tous les êtres qui sont dans la nature, et
qui par conséquent ont pensé qu'on pouvoit, par un passage insensible, lier les
minéraux aux êtres organiques; comme s'il
y avoit quelque rapport entre un être doué
de la vie, susceptible d'accroissement, d'état
de vigueur, et ensuite de dépérissement;
un être assujetti nécessairement à des pertes, et qui en même tems a la faculté de
les réparer et de se nourrir; un être qui
produit son semblable, et qui n'existe lui-
même que parce qu'il a été pareillement
produit par un autre individu de son espèce; un être enfin dont la vie est essentiellement soumise à des bornes constantes,
et qui subit une mort inévitable au bout
du terme prescrit à sa durée; comme si,
dis-je, un pareil être pouvoit entrer en
comparaison avec un morceau de minéral,
c'est-à-dire, avec un être non individuel,
nullement doué de la vie, qui n'a en lui
aucune faculté nutritive, qui n'est jamais

produit par son semblable; dont la durée pourroit n'avoir point de bornes, comme celle d'un morceau d'or, si les circonstances propres à favoriser l'altération que la nature tend à lui faire subir, ne se rencontroient pas; et en un mot, un être qui n'ayant aucun principe de vie réel, ne peut être sujet à la mort.

## OBSERVATION.

955. Il me semble que la chymie sortiroit entièrement de l'état systématique dans lequel les diverses opinions des savans qui se livrent à cette belle science, la plongent tous les jours, quoiqu'avec les intentions les plus louables; si au lieu de continuer des recherches ultérieures, pour expliquer des faits particuliers en partant toujours des anciennes suppositions, on vouloit auparavant examiner sur quel fondement sont appuyées ces suppositions; et sur-tout si l'on s'efforçoit de trouver la véritable solution des questions suivantes, questions dont l'objet direct intéresse essentiellement la science importante que je viens de citer.

## PREMIÈRE QUESTION.

*En quoi vraiment réside l'essence d'un composé quelconque ; est-ce dans un volume déterminé de sa substance, constituant une masse sensible ; ou si c'est dans la plus petite partie des masses qu'il peut former ?*

### RÉPONSE.

956. L'essence d'un composé réside dans la masse de matière essentielle à sa constitution ; c'est le résultat immédiat de l'union d'un certain nombre de principes, combinés ensemble dans de certaines proportions, formant une petite masse indivisible sans décomposition, et imperceptible à nos sens à cause de sa petitesse extrême. Cette petite masse est la molécule *aggrégative* ou *essentielle* de ce composé ; et lorsqu'elle s'aggrège avec d'autres molécules, elle forme alors avec elles une masse commune que nous pouvons appercevoir.

## SECONDE QUESTION.

*Un composé peut-il être d'une nature hé-*
*térogène; et l'aggrégation, qui seule est*
*capable d'unir en une même masse sen-*
*sible, des molécules de diverse nature,*
*et par-là causer des masses hétérogè-*
*nes, peut-elle être confondue avec la*
*combinaison ?*

### RÉPONSE.

957. C'est dans sa molécule essentielle
que réside nécessairement la nature d'un
composé : or, la molécule dont je parle,
étant, comme je viens de le dire, le résultat immédiat de l'union d'un certain
nombre de principes, combinés ensemble
dans de certaines proportions, n'est jamais
qu'un composé simple, et non un assemblage de plusieurs sortes de composés. Cela
ne peut être autrement, vu que le propre
de la combinaison est d'établir l'unité de
nature dans les substances qui en subissent
les effets. Mais l'aggrégation est un fait bien
différent de la combinaison : aussi comme
elle peut également s'opérer entre des mo-

lécules de diverses sortes, de même qu'entre celles qui sont toutes de même nature, les masses sensibles des corps peuvent être hétérogènes, tandis que les molécules *essentielles* de chaque composé ne sont jamais dans ce cas.

## TROISIÈME QUESTION.

*Lorsqu'un composé s'altère ou se détruit, on sait que ses principes ne se dégagent point tous également et à la fois, puisque les résidus de cette destruction offrent encore des combinaisons manifestes : en ce cas, quels sont donc ceux des principes de ce composé qui se dégagent alors le plus facilement et dans les proportions les plus grandes, relativement aux autres principes ?*

## RÉPONSE.

958. Il n'y a point de doute que les élémens constitutifs des composés, étant de nature différente, n'aient par conséquent des différences entre eux dans la force qui les fait tendre à se délivrer de l'état dans lequel ils se trouvent dans les corps;

il n'y a point de doute non plus que parmi ces élémens qui constituent les composés, il y en ait qui parviennent à se dégager de l'état de combinaison plus facilement et en plus grande abondance que les autres : or, l'observation constante nous apprend à cet égard que dans tout composé qui se détruit, ce sont toujours *l'eau* et *l'air* qui s'en séparent dabord dans les proportions les plus considérables. Aussi s'ensuit-il que les résidus des altérations que subissent les composés en se détruisant, sont des matières de plus en plus denses, pesantes et durables dans la nature.

## CONCLUSION.

959. Maintenant, s'il est vrai que la nature propre d'un composé quelconque, réside essentiellement dans sa molécule aggrégative; s'il est vrai ensuite que la molécule aggrégative de tout composé, soit toujours une combinaison simple, c'est-à-dire, identique ou d'une unité de nature; enfin, s'il est encore vrai que dans toute destruction de composé, ceux des principes constitutifs de ce composé qui réussissent les premiers et le plus facilement,

ou au moins dans les proportions les plus
considérables, à se dégager de l'état de combinaison, sont toujours l'eau et l'air; ce
qui cause un accroissement successif dans
la densité des résidus qui proviennent de
ces destructions : ne suis-je pas entièrement fondé à conclure *que tous les composés qui constituent le règne minéral, et
tous ceux que la chymie réussit à obtenir
par ses opérations, n'existoient pas auparavant dans les substances dont ils proviennent, et ne sont point dus à une formation directe ; mais que tous sont des résultats des altérations qu'ont subi d'autres
composés préexistans,* comme je l'ai établi au commencement de cet article ?

960. En effet, on a vu dans l'article précédent, que les êtres organiques seuls ont
la faculté de former des combinaisons directes ; que ce sont eux réellement qui,
au moyen des fonctions de leurs organes,
composent *leur propre substance;* que sans
les animaux, par exemple, jamais les élémens qui existent, ne s'uniroient d'eux-
mêmes pour former, soit du sang, soit de
la graisse, soit de la chair, soit de l'os,
soit de la corne, &c. &c. que sans les
végétaux de même, jamais il n'y auroit eu

dans

dans la nature ni fibre végétale, soit herbacée, soit ligneuse, ni mucilage, ni gomme, ni résine, ni en un mot aucune autre matière vraiment végétale.

961. Mais tous les êtres doués de la vie n'ont en tout tems formé d'autres combinaisons, que celles qui ont constitué leur propre substance, soit solide, soit fluide : voilà ce qu'on ne pourra jamais contester, et ce qu'il est bien essentiel de ne point perdre de vue. Ainsi jamais ces êtres n'ont vraiment composé de soufre, ni d'arsenic, ni de pyrites, ni de métaux, ni d'aucune autre sorte de matière réellement minérale. Enfin les combinaisons qu'ils ont formées, ne contiennent même nullement ces matières ; puisque la molécule essentielle de chaque combinaison, est un composé simple, et d'une unité parfaite dans sa nature.

962. Cependant les facultés des élémens qui existent, jointes à l'influence de toutes les circonstances possibles, ne sont point telles, malgré cela, que la nature puisse jamais, avec ces seuls moyens, combiner elle-même des principes libres, et former immédiatement ou du soufre, ou de l'alun, ou de la blende, ou du plomb, ou de

*Tome II.*                                     B b

l'or, &c. &c. Aucun des minéraux dont la
surface du globe est presque par-tout couverte, n'est le produit véritable d'une combinaison directe, opérée par la nature; et
il n'y a aucun fait constaté qui puisse appuyer une pareille opinion. Tandis que
l'observation fait continuellement appercevoir qu'à mesure que les substances qui
proviennent immédiatement des êtres organiques, sont livrées au pouvoir de la nature, et subissent les changemens dans leur
combinaison, que sa tendance à tout détruire, s'efforce sans cesse de leur faire
éprouver; ces substances alors par les suites de leurs altérations, donnent lieu à des
résidus de diverses sortes; résidus qui sont
encore des combinaisons réelles, mais que
les êtres vivans n'avoient point formées,
et que la nature, sans leurs dépouilles, n'eût
jamais pu produire; résidus enfin qui, de
plus en plus dénués d'eau et d'air principes, par les suites des décompositions qui
les ont formés, s'affaissent proportionnellement, subissent des retraits considérables
dans leur volume, et constituent des matières de plus en plus denses, pesantes, durables, et qu'on ne peut méconnoître dans
les divers minéraux.

963. Ces considérations me paroissent mériter vraiment l'attention de tous les savans en général; car elles peuvent conduire à faire connoître les principes fondamentaux de la chymie, et sont peut-être même susceptibles de jetter beaucoup de jour sur les points essentiels de la théorie médicinale, comme on peut le voir dans l'application que j'en ai faite dans mes recherches sur les êtres organiques.

## PROPOSITIONS PRINCIPALES

*Qui font le fondement de la nouvelle théorie exposée dans cet Ouvrage.*

964. COMME des points de vue aussi nouveaux, et par conséquent aussi peu familiers que la plupart de ceux que j'ai exposés dans cet ouvrage, ne pourront être aisément saisis, même par les savans qui voudront bien prendre la peine de les examiner, parce que leur esprit préoccupé malgré eux par des opinions très-différentes, les empêchera d'appercevoir les principes fondamentaux qui ont donné lieu à la nouvelle théorie que je propose; et en outre, parce que la concision que j'ai été forcé de me prescrire, nuit nécessairement à la clarté qu'auroient apporté de plus grands détails; je vais rassembler ici les propositions les plus essentielles que j'ai cru pouvoir établir, et qui font la base de tout mon travail, afin que les savans, au jugement desquels je le soumets volontiers, aient plus de facilité pour m'entendre entièrement.

965. Ce travail n'est que l'exposé de mon sentiment sur tous les objets dont j'ai parlé ; et je ne le donne que pour ce qu'il vaut, sans aucune autre prétention : c'est pourquoi je déclare que je suis prêt à abandonner toutes mes opinions, lorsqu'on aura prouvé, par des raisons solides et bien discutées, que les propositions qui vont suivre, sont fausses et tout-à-fait sans fondement. Je ferai alors mon profit de cette connoissance, et n'en prétendrai pas moins à l'estime des savans qui m'auront éclairé. Mais quant à ceux qui, soit par un intérêt personnel, soit parce qu'ils m'auront refusé une attention dont ils ne m'auront pas jugé digne, prétendront sans aucune preuve, que tout mon travail ne vaut rien, et qu'il n'offre qu'un assemblage d'opinions sans vraisemblance, produites en même tems et par un esprit de système, et par un défaut de connoissances ; je conviens ici à regret que leur jugement, quoique pouvant être fort juste, sera pour moi tout-à-fait sans profit.

## PREMIÈRE PROPOSITION.

966. Toute la matière qui existe dans l'univers n'est point de même sorte; il y en a nécessairement de plusieurs sortes différentes, puisqu'il y a des composés.

## DEUXIÈME PROPOSITION.

967. Les diverses sortes de matières qui existent, ne sont point toutes entièrement dans leur état naturel; la plupart d'entre elles éprouvent, soit par l'activité qui règne dans la nature, soit par l'action des êtres organiques, une modification qu'elles ne perdent que lorsque les causes qui l'ont produite, ou qui l'entretiennent, cessent d'agir.

## TROISIÈME PROPOSITION.

968. La matière ne peut pas se modifier d'elle-même; il faut pour la modifier, une cause particulière qui n'est point en elle. Mais lorsque cette cause l'a éloigné de son état naturel, alors elle tend à s'y remettre par sa propre faculté.

## QUATRIÈME PROPOSITION.

969. Aucun composé connu n'a tous ses élémens constitutifs dans leur état naturel; plusieurs des principes qui entrent dans sa combinaison, s'y trouvent dans un état de modification très-considérable.

## CINQUIÈME PROPOSITION.

970. Les facultés de la matière en général, concurremment avec celles de chacune des sortes qui la constituent, ne peuvent donner lieu directement à une seule combinaison dans la nature; aussi tous les composés qui existent, ont été formés immédiatement par les êtres organiques, ou sont provenus des suites de la destruction de ces êtres, ou de leur substance.

## SIXIÈME PROPOSITION.

971. Le feu est une matière évidemment distinguée de la lumière, de l'air, de l'eau et de la terre, par des propriétés particulières à elle seule.

### SEPTIÈME PROPOSITION.

972. Tout le feu qui est dans l'univers,
n'y est point entièrement dans son état naturel; une portion plus ou moins grande
de cette matière, s'y trouve modifiée plus
ou moins fortement par les causes énon-
cées dans la seconde proposition.

### HUITIÈME PROPOSITION.

973. L'état naturel du feu n'étant point
le même que son état de modification, les
facultés de cet élément dans le premier
état, doivent être distinguées de celles
qu'il acquiert dans le second, et ne peuvent par conséquent être alors les mêmes.

### NEUVIÈME PROPOSITION.

974. Aucune des sortes de matières qui
existent, ne peut avoir ses molécules intégrantes dans un mouvement de vibration
perpétuel: aussi est-il absurde de dire que
le feu libre est dans une continuelle agitation.

## DIXIÈME PROPOSITION.

975. Les diverses modifications que le feu est susceptible d'éprouver dans la nature, se réduisent à deux sortes principales; savoir, son état *fixé*, dans lequel cet élément, quoique condensé, est inactif; et son état *d'expansion*, état qui constitue la cause de son activité dans toutes les circonstances qui s'y rapportent.

## ONZIÈME PROPOSITION.

976. Le feu en expansion trouve dans certaines substances, comme l'eau et les matières métalliques, un moyen très-favorable pour se raréfier promptement; aussi pénètre-t-il leur masse avec une grande facilité. Mais il éprouve de la part de l'air une résistance d'autant plus grande pour s'étendre, que l'air même qui la forme est plus fortement condensé.

## DOUZIÈME PROPOSITION.

977. Le frottement et les chocs des corps solides entre eux, ont la propriété de ras-

sembler dans un moindre espace tout le
feu libre qui en a subi l'action ; de le con-
denser, de le mettre en expansion, et par
conséquent d'occasionner la chaleur.

### TREIZIÈME PROPOSITION.

978. La violence du frottement ou du
choc est en raison directe des masses qui
l'éprouvent, de leur mouvement et de leur
réaction. Or, comme les molécules des fluides, quelqu'agités qu'ils soient, ne subissent entre elles qu'un frottement infiniment foible, vu que ce frottement est relatif à la petitesse de leur masse propre et
à leur réaction proportionnée ; ces fluides
ne peuvent point amasser le feu libre et
causer de la chaleur. Aussi ne voit-on jamais de la chaleur produite dans aucun
fluide quelconque, à moins que ce fluide
ou une portion de sa masse ne soit dans un
état de décomposition réel.

### QUATORZIÈME PROPOSITION.

979. La nature d'un composé quelconque réside uniquement dans celle de la
molécule *essentielle* de ce composé ; comme

la nature de toute matière simple est constituée essentiellement par celle de sa molécule *intégrante* ; le nombre des molécules qui, par leur assemblage, donnent lieu aux masses sensibles des corps, ne devant pas être considéré dans ces deux cas.

## QUINZIÈME PROPOSITION.

980. Toute molécule [ soit essentielle, soit intégrante ], en laquelle réside nécessairement la nature de la substance qu'elle constitue, ne peut être divisée sans que sa nature soit détruite ; elle ne peut être non plus composée de deux natures particulières.

## SEIZIÈME PROPOSITION.

981. Tous les composés qui existent, n'ont pas leurs principes constitutifs dans une égale intimité d'union : les différences soit dans le nombre, soit dans les proportions de leurs principes, qui les distinguent évidemment, causent nécessairement aussi des différences dans leur degré de combinaison.

## DIX-SEPTIÈME PROPOSITION.

982. Toute substance composée tend naturellement à se détruire; car ses élémens constitutifs ne sont pas tous dans leur état naturel [quatrième proposition] : et cette tendance à la décomposition est plus ou moins effective, selon que l'intimité d'union de ses principes constituans est plus ou moins considérable.

## DIX-HUITIÈME PROPOSITION.

983. La différence qui existe parmi les composés, dans l'intimité d'union de leurs principes constituans, et qui rend leur tendance à la décomposition plus ou moins effective, autorise la distinction des composés en *parfaits* et en *imparfaits*, et indique la cause première qui fait différer les corps insipides et inodores, des corps diversement sapides ou odorans.

## DIX-NEUVIÈME PROPOSITION.

984. Dans toute décomposition, soit qu'elle s'opère naturellement, soit que l'art

la produise, les nouveaux composés qui en sont communément le résultat, n'existoient point tout formés dans les substances qui ont subi cette décomposition.

### VINGTIÈME PROPOSITION.

985. L'opacité des molécules aggrégatives des corps, est due à la présence du *feu fixé* qu'elles contiennent, lorsqu'elles sont dans ce cas; et se trouve toujours d'autant plus altérée, que ces mêmes molécules ont plus d'eau dans leur combinaison.

### VINGT-UNIÈME PROPOSITION.

986. La couleur des corps colorés est causée non-seulement par la présence du feu fixé dans ces corps, mais aussi nécessairement par un *découvrement* plus ou moins considérable de ce feu fixé : de manière que ceux dont le feu en question est le plus complètement masqué, sont en effet les corps les moins colorés qu'on connoisse, *et vice versa*.

## VINGT-DEUXIÈME PROPOSITION.

987. Toutes les fois qu'un composé s'altère ou se détruit, ceux de ses principes qui, au moins en partie, réussissent les premiers à s'en dégager, sont toujours l'eau et les principes élastiques, sur-tout l'air : et c'est toujours le principe terreux qui se dégage le plus difficilement.

## VINGT-TROISIÈME PROPOSITION.

988. L'assimilation dans les êtres organiques fournit plus de principe fixe ou terreux, que la cause des pertes n'en enlève ou n'en fait dissiper. De-là les bornes de l'accroissement de ces êtres, la nécessité ensuite de leur dépérissement, et enfin, leur assujettissement à la mort.

## VINGT-QUATRIÈME PROPOSITION.

989. La vie des êtres qui en sont doués, ne se conserve que parce que l'action organique dans ces êtres répare continuellement, par l'assimilation qu'elle opère, les pertes que la tendance à la décomposition

de leur substance produit continuellement : et l'effectuation de cette tendance est toujours d'autant plus grande, que l'action vitale des êtres dont il s'agit, est elle-même plus considérable.

## VINGT-CINQUIÈME PROPOSITION.

990. Comme la vie des êtres organiques ne peut subsister qu'autant que leur action vitale opère une réparation suffisante aux pertes que la tendance à la décomposition de leur substance effectue en eux; l'état de santé dans l'homme et tous les animaux, est évidemment constitué par une proportion telle, pendant toute la vie, que l'effectuation de la tendance à la décomposition du corps ne détruise aucunement la faculté d'assimilation du mouvement organique.

991. Voilà les principales propositions qui font le fondement de cet ouvrage, et qui ont donné lieu à l'établissement de tous les principes qui s'y trouvent exposés. Je les soumets volontiers et à la critique et au jugement du public éclairé. Je desirerois seulement qu'on veuille bien ne prononcer que d'après la considération des faits,

et non d'après des hypothèses même les plus accréditées.

*Le résumé des principes du citoyen LA-MARCK a été déposé avec l'ouvrage, qui en contient le développement, et paraphé par moi le 3 mai 1781.*

CONDORCET.

F I N.

TABLE

*Observations physiques sur l'explosion du magasin à poudre de la plaine de Grenelle, arrivée le 14 Fructidor, l'an second de la République française.*

Lorsqu'arriva l'affreux accident qu'éprouva la poudrerie établie près de Paris, dans la plaine de Grenelle, je m'apperçus bien clairement que le fluide qui occasionna la commotion que je ressentis dans le lieu où je me trouvois, n'étoit nullement l'air. Incapable de cette célérité de mouvement qui, presque avec la promptitude de l'éclair, se fit ressentir à la fois dans tous les points d'une même circonférence, et à de très-grandes distances, il est également incapable de produire à la distance où je me trouvois [ à plus d'une lieue ] les effets que j'observai. Je sentis en effet que la matière qui ébranloit tout, sembloit venir plutôt du sol, que celle qui, propageant son ébranlement à travers l'air, occasionnoit le bruit qui se fit entendre. Il me parut qu'elle me pénétroit et se faisoit ressentir, sans affecter à l'extérieur le sens du toucher ; car j'étois à ma fenêtre, faisant face au lieu où s'opéroit cette terrible détonnation, et je n'éprouvai aucune impression au visage. J'appris que, dans une maison fort élevée, la commotion s'étoit plus fortement fait sentir en bas que dans le haut de cette maison. La plus grande agitation de l'air [ comme dans les tempêtes ] peut bien causer le renversement des édifices, le soulèvement des toits, &c. &c. ; mais elle ne lui fait pas casser des vitres sans forcer les fenêtres ; ce qui est cependant arrivé, et même à des fenêtres dans diverses sortes d'expositions et à l'abri des coups de vent.

La matière qui a produit la commotion que j'ai observée n'a pas fait voler un papier de dessus ma table, ce qu'un léger zéphyr eût opéré. Elle produisit les plus grands effets sur les corps denses, et ne fit nullement frémir le feuillage des arbres qui étoient sous mes yeux. Une porte de communication de ma chambre à une pièce voisine s'ouvrit, et les plus légers ébranlemens ne se firent point remarquer dans les rideaux. Le piton d'un crochet qui tenoit une porte fermée s'arracha, pendant que le calme de l'air se faisoit, dans le même lieu, ressentir par le repos des corps légers, &c. &c.

*Tome II.*

Ces observations confirment entièrement l'opinion que j'ai des effets toujours méconnus du fluide igné, ou de la matière du feu dans son *état naturel*, c'est-à-dire, dans cet état où il est incapable de produire la chaleur, de dilater les corps, de vaporiser les fluides et de lancer la lumière. En effet, le fluide dont il s'agit, qui est répandu par-tout, pénétrant facilement tous les corps [ *voyez paragraphe 58 à 68* ] et qui, comme une mer immense dans laquelle nous sommes plongés, ainsi que l'air lui-même, paroît environner notre globe jusqu'à une certaine hauteur, au-dessus peut-être de l'atmosphère ; ce fluide, dis-je, est la matière même du son [ *voyez ce que j'ai dit à cet égard, vol.* 1, *page* 53 * ], et non l'air, comme on l'a cru. C'est lui qui, propageant plus fortement et plus au loin son ébranlement à travers la terre qu'à travers l'atmosphère, fait qu'on entend le canon d'une ville assiégée, à la distance de plus de vingt lieues, en se couchant sur la terre, tandis qu'on cesse aussi-tôt de l'entendre, si on se lève pour écouter dans l'air même le plus calme. C'est lui qui est cause qu'on entend, à l'extrémité d'une grosse et longue poutre, les coups que l'on frappe avec la tête d'une épingle à l'autre extrémité, tandis que ce léger bruit ne sauroit être entendu à une distance de trois pieds à travers l'air. Son élasticité s'accroissant en raison de la plus grande densité des corps ou des milieux qu'il traverse, fait qu'il propage mieux le son à travers l'air condensé du soir ou de la nuit, qu'à travers l'air raréfié du jour. A la vérité, l'air a une très-grande influence, par ses divers mouvemens [ par les vents ], sur la matière qui cause le bruit et le son ; car il favorise ou interrompt plus ou moins la propagation de l'ébranlement du fluide particulier qui les cause. Ainsi tout se réduit, de la part de l'air, à une simple influence qui augmente ou diminue l'effet du phénomène dont il s'agit ; et non à produire immédiatement lui-même cet effet.

C'est donc ce même fluide particulier qui, comme je l'ai dit, produisit avec la promptitude de l'éclair, jusqu'à une grande distance, la commotion singulière dans ses effets, qu'occasionna l'explosion terrible mentionnée ci-dessus.

# TABLE

Des principales Matières contenues dans
ce second Volume.

## SECONDE PARTIE.

Cc 2

C c 3

# APPENDIX.

# TROISIÈME PARTIE.

## QUATRIÈME PARTIE.

*Recherches sur les êtres organiques, et particulièrement sur la cause physique de l'entretien de leur principe vital; sur celle de leur accroissement, de leur dépérissement et de leur mort inévitable; sur ce qui constitue l'état de santé dans l'homme ou les animaux, sur la couleur de son sang, et sur sa chaleur naturelle.*

## CINQUIÈME PARTIE.

*Recherches sur l'origine des composés , et sur ce qui constitue essentiellement leur*

FIN DE LA TABLE.

A Paris, de l'Imprimerie de Crapelet, rue Jean-de-Beauvais.